聚甲醛装置
典型故障分析100例

张可伟　严志强　贺博伟　编著

中国石化出版社
·北京·

图书在版编目（CIP）数据

聚甲醛装置典型故障分析 100 例 / 张可伟，严志强，贺博伟编著 . -- 北京：中国石化出版社，2025. 9.

ISBN 978-7-5114-8039-2

Ⅰ. TQ326.51

中国国家版本馆 CIP 数据核字第 2025FR9295 号

中国石化出版社出版发行

地址：北京市东城区安定门外大街 58 号

邮编：100011　电话：(010) 57512500

发行部电话：(010) 57512575

http：//www.sinopec-press.com

E-mail：press@sinopec.com

宝蕾元仁浩（天津）印刷有限公司印刷

全国各地新华书店经销

*

710 毫米 ×1000 毫米 16 开本 9.5 印张 176 千字

2025 年 9 月第 1 版　2025 年 9 月第 1 次印刷

定价：68.00 元

《聚甲醛装置典型故障分析100例》编委会

主　　编　张可伟　严志强　贺博伟

参　　编　项　栋　赵志鑫　王　闰　高云岗　雒焕峰

李小平　许　凡　贾文杰　王宏强　王小锋

艾丽菲努尔　徐升新　余　江　胡冲坤

田晓龙　张永升　王亚庆　葛广茂　杨国华

何彦强　颜智涛　郭云龙　安文博　张建军

杨永飞　李伟宏　刘忠林　曹明权　续　兵

麻　坚　朱想平　张　野　朱强强　梁海艳

宋　瑶　王　瑾　李国强　卫　鑫　蒲石栋

张兴海　苏　广　马　明　刘前超　钱万江

孙柏栋　胡朝阳　刘　娟　阿布都沙拉木·赛买提

王靖琪　胡伟哲　朱礼林　司　鹏　王新辉

卢永军　吕会祥　杨国武　魏浩龙

PREFACE

前言

化工生产具有高温、高压、易燃、易爆、有毒、有害等特点，一旦发生事故，往往发展迅猛、破坏力极强，不仅给企业造成直接经济损失，还对员工的生命财产安全和企业声誉造成严重影响。为了避免事故的发生，及时总结和吸取事故教训经验是十分必要的。

为吸取事故教训经验，提高企业的安全生产管理水平，防范和减少事故的发生，我们编写了《聚甲醛装置典型故障分析 100 例》。本书立足于实战经验与操作方法，旨在为聚甲醛化工企业一线操作人员、工艺设备管理人员、安全工程师及应急指挥人员提供系统、实用的故障经过、故障原因、处理措施等应急处置指南。全书以“快速识别、精准判断、科学处置”为核心，结合国内聚甲醛装置典型事故案例，遴选了包括甲醛浓缩单元、三聚甲醛单元、二氧戊环单元、聚合反应单元、造粒脱除单元、甲醛装置、聚甲醛检测、公用系统等 8 个单元 100 多起不同类型的典型事故，每一起事故案例都深入剖析了故障经过和故障原因，并针对性地制定了处理措施。

本书的案例来自生产一线，较好地反映了我国聚甲醛装置的运行状况，希望本书的出版可供广大工程技术人员、设备运行人员、设计人员等参考，也希望能对聚甲醛行业发展提供有益的帮助。

在本书编写过程中，得到了聚甲醛领域专家的悉心指导和理论支持；感谢聚甲醛行业一线技术人员分享的生产经验，他们的实践案例为本书的实用性提供了重要支撑。同时，感谢参与书稿校对的行业资深工程师，以及为本书出版提供协助的编辑团队。

由于聚甲醛技术不断发展，书中难免存在疏漏，恳请读者批评指正，共同推动行业技术进步。

编　者

2025 年 6 月

CONTENTS

目言

第一章

甲醛浓缩单元故障案例

案例 1　废水冷却器循环水上回水蝶阀损坏事故

1. 故障经过

2023 年 4 月 13 日，西北某化工企业聚甲醛生产装置某运行班组白班，检修 A 线废水冷却器，现场操作工安某在关闭废水冷却器循环水上回水阀门时，由于废水冷却器蝶阀刻度线不清，无法判断是否关死，且蝶阀存在内漏现象，现场判断失误用力过猛导致上回水蝶阀扳坏，现场联系保运人员及时回装废水冷却器循环水管线，避免循环水大量泄漏。

2. 故障原因

（1）对废水冷却器检修期间，隔离循环水上回水蝶阀，发现阀门内漏。

（2）现场经验不足，判断不准阀门是否关死。

（3）蝶阀使用时间过长，刻度线不清。

（4）关阀门过程中，用力过猛导致蝶阀损坏。

3. 处理措施

（1）恢复循环水阀开度，联系保运人员回装废水冷却器。

（2）加强现场操作工技能培训。

（3）对现场损坏阀门进行更换。

（4）换热器废水冷却器循环水走跨线，来满足生产负荷要求。

案例2　甲醛真空蒸发器蒸汽量异常增大事故

1. 故障经过

2018年11月11日，北方某新材料科技有限公司聚甲醛单体车间运行三班白班，中控主操狄某12时26分调整甲醛真空蒸发器蒸汽流量调节阀，12时35分阀位开度由原来的31%调至33%，流量从8.04t/h升至8.14t/h，一直保持平稳状态，16时20分中控主操狄某巡盘时发现甲醛真空蒸发器蒸汽流量突然异常增大至9.04t/h，且甲醛真空蒸发器气相温度上涨至64.4℃，浓甲醛密封槽温度上涨至70.8℃，稀甲醛循环槽液位也在同时上涨。主操狄某迅速做出调整，关小甲醛真空蒸发器蒸汽调节阀阀位，流量从9.04t/h降至8.14t/h正常范围内。同时汇报班长韩某，技术监督李某。

2. 故障原因

甲醛真空蒸发器蒸汽调节阀现场动作存在滞后现象，中控调整甲醛真空蒸发器蒸汽调节阀阀位后，现场调节阀没有及时动作，隔一段时间后阀门动作，导致蒸汽流量突然变化。

3. 处理措施

（1）汇报班长、技术监督。

（2）迅速调整甲醛真空蒸发器蒸汽调节阀阀位，将流量调整至正常范围内，并及时取样分析，确保浓甲醛密封槽在指标范围内。

（3）通过三聚合成反应器浓甲醛流量计调节阀调整进料流量，减少进入三聚合成蒸发器加热蒸汽、控制硫酸计量槽进入三聚合成反应器硫酸流量，控制三聚合成反应器中三聚反应的速率。

（4）控制合成冷凝器冷却水50℃水流量，增加合成蒸馏塔回流量，减少副反应中的酸类物质带入后系统，避免造成设备腐蚀。

案例3 加压蒸馏塔空塔事故

1. 故障经过

2020年4月24日，西南某新材料化工有限责任公司聚甲醛生产部单体车间运行二队中班接班后，20时28分0.4MPa蒸汽管网因减温减压站调节阀故障，造成加压蒸馏塔断蒸汽紧急停车，现场外操于某将加压蒸馏塔塔底水采出由废液槽改采至稀甲醛排出槽。中控主操王某调整加压蒸馏塔塔进料和回流，维持系统物料平衡；0.4MPa蒸汽管网逐渐恢复后，加压蒸馏塔开车恢复工况过程中，逐步加大进料和回流，希望尽可能快地恢复正常工况运行，由于加压蒸馏塔提负荷时，加蒸汽太快造成加压蒸馏塔塔釜液位急剧下降直至空塔。

2. 故障原因

（1）加压蒸馏塔加蒸汽快，加进料及回流慢，系统物料平衡被打破，造成加压蒸馏塔液泛。

（2）面对断蒸汽等突发情况，中控主操缺乏经验，未能及时控制塔压，导致加压蒸馏塔失去平衡。

3. 处理措施

（1）防止废液槽中污水甲醛、COD超标，发生环保污染事故，加压蒸馏塔塔底水由废液槽改采至稀甲醛排出槽。

（2）在0.45MPa蒸汽管网恢复后，加压蒸馏塔开车加蒸汽要缓慢，及时增加进料及回流，控制蒸馏塔热量及物料平衡。

（3）加压蒸馏塔开车时及时给再沸器疏水，保证热量的同时，首先保证塔釜液位不掉或高液位，在物料平衡的情况下，逐步提高加热蒸汽量。

（4）在整个恢复工况过程中，热量平衡要随着物料平衡，缓慢调整，防止发生液泛现象。

案例4　甲醇回流罐三聚甲醛超标事故

1. 故障经过

2022年4月24日，南方某化工生产企业，聚甲醛装置单体车间运行二队中班接班后，20时28分，0.4MPa蒸汽因减温减压站调节阀故障，无法满足0.45MPa蒸汽管网压力，造成加压蒸馏塔断蒸汽紧急停车。三聚提浓塔、聚合三聚回收塔因中断蒸汽后没有及时关闭出料调节阀（手动关闭塔釜液位调节阀，塔釜液泵切至回流状态），使大量三聚甲醛返回至甲醛浓缩单元的稀甲醛贮槽，三聚甲醛大量挥发，造成甲醇回流罐三聚甲醛超标。

2. 故障原因

（1）三聚提浓塔因断蒸汽后没有及时关闭出料调节阀（手动关闭三聚提浓塔釜液位调节阀，三聚提浓塔釜液泵切至回流状态），使大量三聚甲醛返回至甲醛浓缩单元，造成甲醇回流罐三聚甲醛超标。

（2）聚合三聚回收塔因断蒸汽后没有及时关闭出料调节阀（手动关闭聚合三聚回收塔釜液调节阀，聚合三聚回收塔釜液泵切至回流状态），使大量三聚甲醛返回至甲醛浓缩单元，造成甲醇回流罐三聚甲醛超标。

3. 处理措施

（1）中控迅速关小（5%）或关闭三聚提浓塔、聚合三聚回收塔塔底出口调节阀，现场关闭外送泵出口阀，自循环运行。

（2）工况恢复正常后，甲醇回流罐多次大量排液，直到三聚甲醛恢复到正常范围。

（3）关注 50℃、75℃水运行状态，关注本工段易堵设备及管线。

（4）保证设备安全，防止超压、抽负压；搪瓷、石墨设备打开冷凝液导淋疏水，防止发生水击损坏。

（5）关注与本工段相邻的其他工段的运行状态。液位 / 温度 / 流量等常规调节阀一般可手动调整至最佳阀位，压力调节阀依据实际情况调整。

案例 5　真空蒸发器进料流量计调节阀堵塞事故

1. 故障经过

2020 年 10 月 23 日，南方某化工生产企业聚甲醛单体生产车间运行四班夜班，4 时 50 分主操赵某巡盘发现 B 线真空蒸发器进料流量计阀位持续关小，到 5 时 10 分阀位关至 0%，流量显示值在 10.20t/h 没有变化，设定值在 10.0t/h，中控主操赵某发现后，把真空蒸发器进料流量计改成手动调节控制，开到平时正常阀位，立即汇报班长张某、值班领导李某，联系仪表人员郭某现场查看发现调节阀存在卡涩，开、关不到位现象。

2. 故障原因

甲醛真空蒸发器在长周期运行过程中，甲醛低聚物附着在甲醛真空蒸发器进料流量计阀体，长时间不清洗，加持伴热的作用下，在甲醛真空蒸发器进料流量计阀体形成污垢卡涩调节阀，致使调节阀中控输出的信号现场不动作。

3. 处理措施

（1）立即汇报班长张某、值班领导李某进行应急和事故原因分析。

（2）中控主操把真空蒸发器进料流量计改手动调节至正常阀位，以确保因进料流量低，导致真空蒸发器加热蒸汽联锁停。

（3）联系仪表值班人员现场排查真空蒸发器进料流量计故障原因。

（4）更改真空蒸发器进料流量计 MV 报警值，在真空蒸发器进料流量计调节阀异常关小时能及时发现。

案例6　加压蒸馏塔回流流量计假事故

1. 故障经过

2020年10月25日，西北某聚甲醛新材料化工企业单体车间运行丁班中班，21时02分，中控主操关某发现加压蒸馏塔塔顶温度有上升趋势，增加加压蒸馏塔回流量降低塔顶温度，经过几次调整后，塔顶温度依然上涨，23时发现加压蒸馏塔回流流量计流量虚高，存在假指示，实际流量与 DCS 系统显示值偏差达30%，但现场泵运行参数正常，阀位减小（57%→52%），导致塔顶温度上涨失调，引发短暂工艺波动。联系仪表人员现场处理流量计，断电清零后调整正常。

2. 故障原因

发现流量计显示屏出现“电极报警”信号，甲醛具有还原性，长期接触可能导致电极化学反应电极污染或损坏，导致加压蒸馏塔回流流量计假，显示值比实际值高，调节阀阀位关小。

3. 处理措施

（1）汇报班长李某，联系仪表人员排查故障原因

（2）将加压蒸馏塔回流调节阀手动控制，根据加压蒸馏塔塔顶温度调整加压蒸馏塔回流流量计调节阀阀位。

（3）联系仪表人员处理流量计，清洗电极并更换内衬。

（4）在流量计前加装过滤器，减少杂质沉积。

（5）定期（每3个月）进行电极校准和绝缘检测。

（6）利用停车检修机会，更换为电容式电磁流量计（无电极型），避免电极污染问题。

案例7　甲醇冷却器出口管线电伴热短路冒烟事故

1. 故障经过

2020年7月6日，西北某化工企业生产聚甲醛部门单体车间运行白班，A线甲醛浓缩现场操作人员董某巡检发现甲醇冷却器至可燃废液槽出口管线电伴热电源盒处冒烟，立即汇报中控主操王某并关闭加热电源控制器开关，上前观察发现甲醇冷却器出口管线电伴热已烧断，电源控制器冒白烟。汇报班长杨某联系电气人员确认，排查原因；并汇报工艺技术监督刘某。

2. 故障原因

甲醇冷却器至可燃废液槽管线电伴热温度控制器密封垫胶圈风化出现裂纹，雨天雨水顺着损坏处漏入控制器使电路发生短路，导致电伴热烧坏。

3. 处理措施

（1）现场立刻汇报中控并关闭加热电源，防止发生火灾事故。

（2）汇报班长联系电气人员确认电伴热状态。

（3）生产部门督促电仪部对此类问题列表，一月巡检一次。

（4）生产部门把此类问题列入隐患排查内容，发现问题及时整改。

（5）现场要加强对电伴热等电线处的巡检，电气人员要按时对现场电气设备进行巡检，在发现问题后及时汇报中控及技术监督人员。

案例8　浓甲醛密封槽排液破真空误操作事故

1. 故障经过

2019年9月20日，西北某化工厂聚甲醛生产装置单体车间运行四班白班9时35分，为防止浓甲醛长时间储存在浓甲醛密封槽内，底部沉积的甲醛低聚物堵塞排液阀，甲醛浓缩单元浓甲醛密封槽在进行每周一定期排液操作。由于储罐容积较小，排液时间不能太长，在操作过程中，因排液阀阀柄掉落未能及时关闭浓甲醛密封槽底阀，导致甲醛真空蒸发器破真空，工况大幅波动。

2. 故障原因

（1）现场人员操作前没有找好合适的阀杆，导致脱落后无法及时关闭阀门，浓甲醛密封槽密封液排空，真空失去液封，破真空。

（2）外操不了解浓甲醛密封槽的作用以及排液阀无法及时关闭的严重后果，未考虑操作的风险点。

（3）对于日常操作，中控主操安排不全面、提醒不及时。

（4）车间对存在的操作安全隐患重视度不够，未及时发现并消除。

3. 处理措施

（1）立即汇报班长，提供扳手支援，做应急处理。

（2）现场立即关闭浓甲醛密封槽的底阀，用铁丝固定扳手在排液阀根部处，防止脱落。

（3）中控快速减小蒸汽量，甲醛真空蒸发器减负荷至50%。

（4）现场给浓甲醛密封槽加脱盐水，手动控制加压蒸馏塔气相压力调节阀，调整真空蒸发器真空度，稳定在25kPa，加压蒸馏塔气相压力调节阀投自动控制。

案例 9　新鲜碱液槽进碱溢流事故

1. 故障经过

2020 年 1 月 11 日，南方某化工生产企业聚甲醛装置单体车间运行四班夜班当班期间，4 时 59 分联系外操张某给 B 线新鲜碱液槽进碱，5 时 12 分新鲜碱液槽液位达到 103.2%，5 时 14 分中控主操王某发现新鲜碱液槽液位满，立即关闭新鲜碱液槽进碱控制阀，并下现场确认新鲜碱液槽是否溢碱。由于夜间光线暗、现场确认判断失误（只确认放空管线未确认溢流管线情况），误认为新鲜碱液槽没有发生溢碱，未能及时封堵地沟，造成 C 线地坑 pH 值严重超标，使环保事故扩大化。

2. 故障原因

（1）中控、现场人员未及时关闭新鲜碱液槽进碱阀。

（2）主操翻看液位趋势变化不及时。

（3）在问题出现后，因现场确认判断失误，班组未能采取有效的围堵措施，造成环保事故的扩大化。

（4）班组培训不到位，未做详细的确认单。

3. 处理措施

（1）联系现场人员立即关闭新鲜碱液槽进碱阀。

（2）用 pH 试纸测试新鲜碱液槽附近地坑 pH 值是否超标，如超标则及时封堵地沟，避免造成二次事故。

（3）废液泵停止外送。

（4）联系中化分析地坑和地沟 pH 值。

（5）汇报分管技术监督人员和值班领导。

（6）地坑 pH 值高的超标水少量（5%~10% 液位）地分多次与其他污水混合后，控制 pH 值 3~6 外送至污水处理工序。

案例10　加压塔回流罐压力调节阀阀位全关事故

1. 故障经过

2020年6月21日，东北某化工园区新材料化工厂聚甲醛单体车间运行三班夜班，甲醛加压蒸馏工段正常运行时，主操李某发现气液分离回流罐气相压力调节阀压力指标偏低，气液分离效果差，显示值与正常控制指标偏差大，联系仪表人员赵某处理气液分离回流罐气相压力调节阀时，现场人员马某在没有通知中控主操的情况下，将气液分离回流罐气相压力调节阀压力表根部阀关闭，导致气液分离回流罐气相压力调节阀阀位全关，加压蒸馏塔气相压力调节阀压力上涨至0.253MPa，加压蒸馏塔工况出现波动。

2. 故障原因

（1）现场和仪表人员对压力调节阀气液分离回流罐气相压力调节阀事故状态不了解，作业前未进行安全分析。

（2）中控主操及班长对作业人员和监护外操未进行安全交底，未把调节阀在事故状态下的开、关状态讲清楚。

（3）现场人员对工况没有概念，事故应急下，主操调整思维方法不正确也不及时，使事故进一步扩大化。

3. 处理措施

由于压力调节阀气液分离回流罐气相压力调节阀事故状态下属于全关事故，第一时间将气液分离回流罐气相压力调节阀切换为手动控制，加压蒸馏塔气相压力调节阀与气液分离回流罐气相压力调节阀是同步控制，通过调整气液分离回流罐气相压力调节阀的阀位来稳定加压蒸馏塔气相压力调节阀压力在0.249~0.250MPa。

案例 11　加压蒸馏塔塔压上涨事故

1. 故障经过

2020 年 10 月 5 日，西南某化工园区某聚甲醛新材料化工企业，19 时 04 分聚甲醛装置单体车间运行班组甲班中班，中控主操林某巡盘时，发现 C 线加压蒸馏塔塔顶部压力加压蒸馏塔气相压力调节阀以及塔底压力加压蒸馏塔塔底测压点急速上涨，加压蒸馏塔气相压力调节阀最高涨至 0.280MPa，加压蒸馏塔塔底测压点涨至 0.308MPa，与此同时气液分离回流罐气相压力调节阀急剧下降。中控人员立即汇报班长陈某、岗位技术员王某；联系外操张某现场将加压蒸馏塔采出由废液槽改采至稀甲醛排出槽，同时开加压蒸馏塔放空阀，给加压蒸馏塔泄压，减负荷（通过手动调整加压蒸馏塔进料流量计、回流流量计、蒸汽流量计调节阀降低进料，加压蒸馏塔回流的流量及加热蒸汽流量），调整加压塔回流罐液位，开气液分离回流罐气相压力调节阀调整工况，加压蒸馏塔系统玉力仍不见有明显下降趋势。班长陈某、岗位技术员王某重新查看运行趋势、其他工艺指标及组分浓度，做出判断，怀疑加压蒸馏塔气相管内衬聚四氟乙烯管堵，造成憋压；需要做短期停车查看堵塞情况，确定原因，更换气相管线，于 2020 年 10 月 6 日 3 时 10 分系统停车。

2. 故障原因

（1）直接原因：①加压蒸馏塔气相管线防腐蚀内衬聚四氟乙烯管损坏鼓包，使气相通道变窄，导致加压蒸馏塔压力升高，无法维持正常生产。

②加压塔回流罐除沫器腐蚀损坏。

（2）间接原因：①加压蒸馏塔在开停车操作过程中，塔压控制忽高忽低，在管道内形成了负压。当管道中介质的内部压力不足以满足管道系统的需求时，会在管道内形成负压。这种负压会将衬钢衬聚四氟乙烯管吸瘪。

②介质本身的流动特性也可能导致负压的形成。

③管道的设计或安装可能存在问题，导致管道中介质的流动受到阻碍。

④在冬季进行加压蒸馏塔开车操作，由于外部环境温度、压力等的变化也可能影响管道中介质的流动状态，进而形成负压。

3. 处理措施

（1）立即汇报班长、主管技术员做事故分析，制定紧急应急预案。

（2）加压蒸馏塔采出改至稀甲醛排出槽，开加压蒸馏塔技改放空，减负荷，调整加压塔回流罐液位，开气液分离回流罐气相压力调节阀调整工况，系统停车。

（3）组织甲醛浓缩单元停车，加压塔回流罐填料丝网更换，加压蒸馏塔气相损坏衬聚四氟乙烯管线更换。

（4）日后操作正常维护：

①确保管道中介质的压力满足管道系统的需求，避免形成负压。

②优化管道系统的设计和安装，确保介质的流动顺畅，避免形成负压。

③在管道系统中设置适当的排气装置或减压装置，以平衡管道内的压力。

（5）如果衬钢衬聚四氟乙烯管已经吸瘪，可以采取以下措施进行修复：

①检查管道系统的设计和安装，找出形成负压的原因并进行处理。

②更换吸瘪的衬钢衬聚四氟乙烯管，确保管道系统的正常运行。

总之，要防止衬钢衬聚四氟乙烯管在运行过程中吸瘪，需要确保管道中介质的压力满足管道系统的需求，优化管道系统的设计和安装，并设置适当的排气装置或减压装置。同时，对于已经吸瘪的衬钢衬聚四氟乙烯管，需要及时进行修复，确保管道系统的正常运行。

案例12　稀甲醛循环泵声音异常事故

1. 故障经过

2020年10月12日，西北某精细化工生产企业聚甲醛装置单体车间运行班组丙班白班，10 时 25 分电气人员对 A 线甲醛真空浓缩单元备用离心泵电机进行例行检查维护保养，15 时全部备用泵电机保养检查完成，保运人员于 18 时找正完成，18 时 30 分外操郝某在现场试泵过程中发现稀甲醛循环泵声音异常，郝某立即汇报中控主操马某，并对稀甲醛循环泵 A 泵进行测温测振，发现 A 泵电机驱动端振值偏高，便立即将实际测振值汇报给班长杨某。现场确认后，指挥现场人员将稀甲醛循环泵倒回 B 泵运行，A 泵因振值过高，长时间运行可能导致电机叶轮、泵壳磨损。

2. 故障原因

离心泵找正对准不到位造成泵运行声音异常振值较高，离心泵找正不好会导致流量不足、效率低、噪声大和叶轮、泵壳磨损等多种问题，因此我们在使用离心泵时需要注意其找正情况，及时采取相应措施解决问题。

3. 处理措施

（1）汇报班长、技术员，对稀甲醛循环泵B泵制定特护指令，下发班组执行。

（2）组织现场将稀甲醛循环泵 A 泵倒回 B 泵运行。

（3）联系电气人员给稀甲醛循环泵 A 泵断电，交保运人员重新找正，如找正不好，将导致机泵的流量不足、效率低、噪声大和叶轮、泵壳磨损。

（4）解决离心泵找正不好的处理措施：

①调整叶轮与泵壳之间的间隙。离心泵找正不好主要是由于叶轮与泵壳之间的间隙不合适所致，因此可以通过调整间隙来解决问题。如果间隙过大，可以通过加垫片来缩小间隙；如果间隙过小，可以磨去叶轮或泵壳的一部分来扩大间隙。

②更换叶轮或泵壳。如果调整间隙后问题依然存在，那么就需要更换叶轮或泵壳，确保叶轮与泵壳之间的匹配度。

③重新安装泵体。在安装离心泵时，需要确保泵体垂直于地面，并使其安装在水平基础上。否则，泵体倾斜会导致叶轮与泵壳之间的间隙失调，进而导致找正不好的问题。

④确保进出口没有堵塞。

第二章

三聚甲醛单元故障案例

案例 1　乙二醇洗液贮槽溢乙二醇事故

1. 故障经过

2019 年 7 月 11 日，某聚甲醛新材料公司单体车间，在进行三聚甲醛单元结晶器三聚结晶器 C 清洗，14 时 30 分开始联系现场人员冯某排冷媒水，中控人员李某发现乙二醇洗液贮槽液位上涨特别快，联系现场人员启动乙二醇洗液泵外送，并快速关闭三聚结晶器 C 排液阀，在操作时乙二醇洗液贮槽液位已经上涨到 103%。现场再次确认发现，三聚结晶器 B（运行、冷媒水排液阀）在开的状态，立即关闭，乙二醇洗液贮槽液位下降，有少量乙二醇水溢流进入地沟。现场人员立即围堵地沟同时确认地坑外送停，取地坑水样。

2. 故障原因

（1）人员操作失误，在执行关键操作（排放乙二醇冷冻水）时，没有严格按照操作规程进行阀门确认。

（2）对现场操作人员的培训可能不够到位，没有使操作人员充分认识到阀门确认工作的重要性以及误操作可能带来的严重后果。

（3）现场部分阀门标识可能存在模糊不清或者标识内容不够准确的情况。

3. 处理措施

（1）组织全体相关操作人员进行专项培训，在培训中加入更多的实际操作场景模拟和案例分析。

（2）增加安全意识培训内容，包括化学物料的危险性、误操作可能引发的危险后果等方面的知识，提高操作人员的安全风险防范意识。

（3）建立严格的培训考核机制，只有通过考核的员工才能进行实际操作，确保每一位操作人员都具备足够的知识和技能。

案例 2　浓甲醛泵出口管线堵塞事故

1. 故障经过

2022 年 9 月 28 日，东南某新材料有限公司聚甲醛车间某运行班组值白班之际，16 时在例行倒泵时，浓甲醛泵 B 泵倒至浓甲醛泵 A 泵后三聚甲醛单元主操李某发现浓甲醛泵出口三聚合成反应器进料流量计无量，倒回至浓甲醛泵 B 泵后仍然无量，且浓甲醛泵 A、B 泵出口压力均涨至 0.5MPa，初步判断三聚合成反应器进料流量计调节阀处堵塞，随后立即安排现场接蒸汽吹扫浓甲醛泵出口至三聚甲醛合成反应器管线，至 16 时 40 分三聚合成反应器进料流量计调节阀阀位全开，仍无量。汇报给技术员马某，技术员安排现场拆三聚合成反应器进料流量计调节阀法兰，流量计拆卸，从浓甲醛泵 A 泵过滤器甩头接胶管，用冷凝液冲管线，至 22 时三聚合成反应器进料流量计冷凝液量显示 $6.8m^3/h$，随即启泵试用，量逐渐增大，逐步恢复三聚甲醛合成单元工况。

2. 故障原因

（1）浓甲醛泵倒泵过程中，由于备用泵叶轮内有结晶的块料，导致浓甲醛泵出口管线堵塞。

（2）弯头较多，长时间运行浓甲醛泵出口管线高浓度甲醛颗粒积累，导致管线堵塞。

（3）备用泵蜗壳中存有甲醛低聚物，启泵后甲醛低聚物进入出口管线，造成流量计 FRC-4114 前阀前弯头处堵塞。

3. 处理措施

（1）根据堵塞情况，装置尽快减负荷至最低（甲醛真空蒸发器进料流量减至 $5.5m^3/h$），尽量保持提浓状态、维持浓甲醛槽液位缓慢上涨。

（2）观察泵出口压力，同时检查进料调节阀状态。

（3）缩短倒泵周期，联系维保清滤网。

（4）在泵过滤器甩头接蒸汽冷凝液吹扫出口管线。

（5）拆三聚合成反应器进料流量计前法兰接冷凝液吹扫浓甲醛泵出口管线。

（6）检查泵体保温，有保温缺失的地方立即恢复；检查泵体伴热，及时疏通 75℃水管线。

案例 3　离心机试车阶段异常跳车事故

1. 故障经过

2015 年 5 月 18 日，西北某聚甲醛企业聚甲醛单体车间某运行队白班，接班时 8 时 09 分母液缓冲槽液位异常上涨，液位显示 110%，现场清洗离心机 B 后，发现母液缓冲槽液位降低，8 时 40 分母液缓冲槽液位第二次异常上涨时现场人员发现溢流管线堵塞，母液缓冲槽晶体浓度高。离心机 B 分别清洗 2 次后，9 时 13 分在母液缓冲槽液位第三次异常上涨时，离心机 B 跳车，电气人员确认过载跳车。汇报设备技术员卢某、工艺技术员刘某，经同意后，启离心机 A 系统。

2. 故障原因

在离心机 B 投料试车过程中，因母液缓冲槽三聚甲醛晶体浓度高，堵塞溢流管线，导致母液缓冲槽液位上涨，离心机 B 过载跳车。

3. 处理措施

（1）确认母液缓冲槽溢流管线夹套温度，投用母液缓冲槽盘管夹套。

（2）走清洗流程，清洗离心机 B。

（3）离心机 B 倒离心机 A 运行。

（4）加强岗位技能培训，保证三聚甲醛结晶器环境温度在 10~12℃、液位 >80%，保证轻组分脱除和蒸馏工艺指标正常。

案例 4　硫酸计量槽蒸汽流量低事故

1. 故障经过

2019 年 8 月 31 日，西部某新材料化工厂聚甲醛装置某运行队夜班，A 线 4 单元在 0 时 30 分三聚甲醛合成开车加蒸汽的时候，三聚合成蒸发器蒸汽流量计调节阀阀位开至 18.5%，流量显示 9.594t/h，但是在 0 时 37 分三聚合成蒸发器蒸汽流量计流量开始逐渐下降，直到 0 时 47 分三聚合成蒸发器蒸汽流量计最低掉到 1.84t/h。联系现场检查并无异常，汇报班长后联系仪表人员对三聚合成蒸发器蒸汽流量计调节阀进行校验阀位对照，2 时仪表人员回复三聚合成蒸发器蒸汽流量计调节阀开关正常，现场恢复后，中控人员逐渐开大阀位至 20%，流量最高显示 5.24t/h，把冷凝液从系统切入废液槽后，三聚合成蒸发器蒸汽流量计逐渐恢复正常。

2. 故障原因

三聚甲醛合成反应器在热态循环时，再沸器 B 内冷凝液积攒太多，开车时未疏水或疏水不彻底，导致硫酸计量槽蒸汽量低。

3. 处理措施

（1）暂停三聚甲醛合成加负荷，三聚甲醛合成再沸器B冷凝液切到废液槽直排。

（2）确认冷凝液管网正常，排除背压高原因。

（3）检查三聚甲醛合成再沸器B疏水器旁路是否有开度，如有，关闭。

（4）开三聚甲醛合成再沸器B疏水器前和疏水器导淋就地排液直到有干蒸汽。

（5）如流量仍不恢复，联系保运人员清理三聚甲醛合成再沸器B疏水器滤网。

案例5　三聚甲醛提纯塔煮塔塔压波动高报事故

1. 故障经过

2021年11月13日，西北某化工企业聚甲醛生产装置单体车间，技术员刘某安排运行四班白班接班进行三聚甲醛提纯塔第一次水煮，现场单某按照洗塔流程，给三聚甲醛提纯塔正常补水，投蒸汽开始水煮。在升温过程中，中控主操张某发现塔压测压点（PISA-4703/PISA-4702/PI-701）波动并且高报，联系技术员王某后，安排现场人员单某进行排查：重新检查了三聚甲醛提纯塔的三通阀位置，三通阀指向运行塔三聚甲醛提纯塔B到三聚甲醛提纯塔冷凝器，三聚甲醛提纯塔至三聚甲醛提纯塔顶清洗冷凝器阀是打开状态，三聚甲醛提纯塔A塔蒸汽流量表均无异常。进一步排查，怀疑是三聚甲醛提纯塔顶清洗冷凝器至三聚放空吸收塔放空管线堵塞，通知现场人员接蒸汽吹扫三聚甲醛提纯塔顶清洗冷凝器至三聚放空吸收塔管线根部法兰3min，中控人员投三聚甲醛提纯塔再沸器蒸汽，三聚甲醛提纯塔塔压正常，9时25分三聚甲醛提纯塔开始第一次水煮。

2. 故障原因

三聚甲醛提纯塔经过长周期运行，塔底、塔盘及筒体附着的糖类物较多，三聚甲醛提纯塔在煮塔过程中，挥发组分中携带三聚甲醛，泵房内环境温度又低，造成三聚甲醛提纯塔顶清洗冷凝器至三聚放空吸收塔设备根部法兰伴热保温不良导致放空管线不畅。

3. 处理措施

（1）接蒸汽吹扫三聚甲醛提纯塔顶清洗冷凝器至三聚放空吸收塔放空管线。

（2）检查管线夹套水，打开低点导淋置换 75℃热水至清澈，保证管线夹套水温度，以满足生产要求。

（3）及时联系维保队，重新对三聚甲醛提纯塔顶清洗冷凝器至三聚放空吸收塔放空管线做防冻保温。

（4）加大暖通机组的蒸汽流量，提高泵房内的室温。

（5）开大泵房内的暖气进气流量，改变泵房环境温度。

案例 6　送风机跳车事故

1. 故障经过

2022 年 5 月 30 日，东部某新材料有限责任公司聚甲醛生产装置，单体车间运行二队白班，11 时 35 分中控主操赵某发现送风机 A 因可燃气监测点 AISA-4801 高报联锁跳车，汇报班长卢某和技术员马某，通知现场人员查看三楼送风机至可燃废液槽排液视镜，发现有少量积液。排尽液后，重新启动送风机 A，再次因可燃气监测点 AISA-4801 联锁导致送风机 A 跳车，现场人员隔离送风机 A，系统就地放空排放置换 2h，再次启动后正常。

2. 故障原因

（1）甲醛浓缩、三聚甲醛、二氧戊环等系统放空管线中可燃气体浓度超标（高于 1.5%），进入送风机，触发可燃气监测点 AISA-4801 高联锁，导致送风机跳车。

（2）因三聚甲醛提纯塔在倒塔作业时，进料过快导致液位计假，检修液位计假隔离排塔时造成三聚排放槽冒罐，物料进入三聚排放槽放空管线，导致进入送风机的放空气中可燃气浓度升高，达到联锁值。

3. 处理措施

（1）对送风机入口管线积液进行定期排液，制定操作指令，班组执行。

（2）适当提高系统氮气流量计流量，加快放空管线置换。

（3）联系仪表人员对 AISA–4801 进行校准，调试归零后，投入正常使用。

（4）启三聚排放泵，将三聚排放槽中溶液送至碱液蒸发器再生，降低三聚排放槽液位，排空进入放空管线的物料，用系统氮气置换管线。

（5）正常运行时要确保 AISA–4801 联锁投用，防止因可燃气浓度高发生爆炸，损坏设备。

案例 7　蒸汽凝液槽液位计假事故

1. 故障经过

2019 年 7 月 31 日，西北某新材料公司聚甲醛装置，单体车间运行班组中班，20 时 05 分现场副操刘某巡检发现 A 线蒸汽凝液泵 B 声音异常，汇报中控主操马某，主操汇报运行班长郭某，班长到现场检查后，发现蒸汽凝液泵 B 声音异常，泵体温度高，20 时 08 分安排现场倒蒸汽凝液泵 A 运行。当时，中控发现蒸汽凝液槽液位计显示 56.8%，冷凝液送出流量计波动，检查发现三聚甲醛合成气液分离器温度在 16 时 20 分异常上升 5℃，冷凝液温度偏高，泵有汽蚀现象。中控人员关小凝液闪蒸槽至蒸汽凝液槽液位调节阀后，发现蒸汽凝液泵 A 送出流量计掉到零，判断为蒸汽凝液器空罐，于是开大凝液闪蒸槽液位调节阀、关小蒸汽凝液槽液位调节阀，同时通知仪表人员处理三聚甲醛合成气液分离器液位计。

21 时 50 分三聚甲醛合成气液分离器罐满，液位计恢复正常，冷凝液正常送出，工况恢复正常。

2. 故障原因

（1）因蒸汽凝液槽内液位低，罐体温度高，冷凝液汽化，造成远传液位计假。

（2）主操经验不足，未能从低压蒸汽包液位做出判断，低压蒸汽包液位早已出现波动，低压蒸汽包补水阀阀位已全开。

（3）现场液位计损坏，无法进行现场对照。

（4）中控主操在抄报表时，未查看三聚甲醛合成气液分离器液位变化趋势，没有第一时间发现存在问题。

3. 处理措施

（1）及时联系仪表人员检修更换备用的现场液位计。

（2）中控主操要及时翻看各个参数的变化趋势，发现问题及时做出调整。

（3）加强业务学习，积累操作经验，提高处理类似问题的能力。

（4）现场人员对输送高温介质的运行泵，进行多次测温测振。

案例 8　三聚甲醛单元系统超压事故

1. 故障经过

2019 年 8 月 3 日，北方某聚甲醛化工企业单体车间运行班组乙班中班，在清洗离心机 B 时，中控人员发现三聚放空吸收塔塔底温度达到 45℃，中控人员安排现场人员三聚水溶液冷却器投用少量循环水。当三聚放空吸收塔塔底温度降至 31.5℃时，进入三聚放空吸收塔放空总管压力升至 14kPa，同时三聚甲醛合成单元各塔罐压力上升。岗位人员判断三聚放空吸收塔填料段堵塞。

中控人员立即安排现场人员从三聚放空吸收塔三楼甩头接蒸汽吹扫，在吹扫过程中三聚放空吸收塔塔顶温度升至83℃，三聚放空吸收塔气相压力达到14kPa，三聚放空吸收塔放空总管压力达到20kPa，系统超压，三聚甲醛精制塔塔底压力最高升至41kPa。判断三聚放空吸收塔塔顶放空堵塞。

现场开三聚放空吸收塔气相压力调节阀旁路，压力逐步恢复正常。进一步判断是三聚放空吸收塔放空调节阀堵塞，三聚甲醛放空吸收塔放空调节阀主路接蒸汽吹扫疏通，工况恢复正常。

在处理过程中三聚甲醛精制塔指标偏离，改采至浓三聚槽，精三聚储槽液位低，导致一台聚合机停运。

2. 故障原因

（1）三聚甲醛各工段放空送到三聚放空吸收塔塔中放空气中三聚甲醛含量高，导致三聚放空吸收塔填料段中填料被吸收后的三聚甲醛结晶堵塞。

（2）系统压力高（三聚放空吸收塔放空总管压力偏高），放空气泄压不及时，造成三聚放空吸收塔残留含三聚甲醛尾气多。

（3）接蒸汽处理过程中，蒸汽量过大，三聚甲醛放空吸收塔温度控制过高，致使放空夹带三聚甲醛造成三聚放空吸收塔放空阀堵塞。

（4）三聚放空吸收塔循环喷淋液流量低，物料间的接触面积减少，使填料得不到充分吸收，降低了应有的分离效率。

3. 处理措施

（1）将三聚甲醛精制塔塔底产品采出由精三聚储槽改至浓三聚槽，防止合格的三聚甲醛被污染。

（2）在三聚放空吸收塔底部甩头接0.45MPa蒸汽吹扫，熔化粘连在填料上的三聚甲醛。

（3）通过三聚放空吸收塔气相压力调节阀旁路控制系统压力，在三聚放空吸收塔气相压力调节阀前甩头接0.45MPa蒸汽吹扫疏通调节阀。

（4）调整三聚放空吸收塔回流流量计的流量，增加循环吸收量，提高填料的分离效率。

（5）日常操作中，要严格控制三聚放空吸收塔工艺指标，对整个单元放空系统引起重视，重点关注放空组分三聚甲醛及其他含量。

案例9 硫酸计量槽至三聚甲醛合成反应器管线堵塞事故

1. 故障经过

2019年9月30日，某化工企业聚甲醛生产装置某单体车间运行班组丙班白班，三聚甲醛合成工段按照技术员刘某指令将硫酸计量槽配好的硫酸排至三聚甲醛合成反应器。硫酸计量槽重新进行配酸作业。10时现场外操张某将硫酸计量槽底部角阀打开，并将三聚甲醛合成反应器顶部进酸管线阀打开，三聚甲醛合成反应器开始进酸。中控主操李某观察硫酸计量槽液位，直至硫酸计量槽液位显示为0时，通知现场外操张某关闭三聚甲醛合成反应器顶部阀门后将硫酸计量槽底部角阀关闭。确认阀门关闭后，硫酸计量槽进行补脱盐水至40%。启动硫酸计量槽搅拌器，发现搅拌器无法启动，汇报技术员刘某后，暂停硫酸计量槽进酸作业。搅拌器故障待国庆节后处理。

2019年10月13日，硫酸计量槽配好酸后准备将酸排至三聚甲醛合成反应器中，发现硫酸计量槽至三聚甲醛合成反应器进酸管线堵塞。管线在5楼平台弯头处拆开后发现管线中有低聚物，随后进行蒸汽疏通，16h后管线疏通，回装后硫酸计量槽至三聚甲醛合成反应器排酸正常。

2. 故障原因

（1）中控主操经验不足，将硫酸计量槽排空，没有及时安排关闭三聚甲醛合成反应器顶部进酸阀，造成三聚甲醛合成反应器系统压力与硫酸计量槽连通，导致三聚甲醛合成气倒串至硫酸计量槽，硫酸计量槽中三聚甲醛合成气在循环水冷却下，形成凝液、结晶，导致搅拌器无法正常启动。

（2）硫酸计量槽排空后，导致三聚甲醛合成反应器反应液有机物气体反串，最终使排酸管线堵塞。

3. 处理措施

（1）按操作流程，先关闭硫酸计量槽至三聚甲醛合成反应器管线5楼平台根部阀，再依次逐步关闭所有阀门。

（2）停止硫酸计量槽循环夹套水，停止给硫酸计量槽冷却。

（3）在硫酸计量槽取样点甩头处接0.45MPa蒸汽，对硫酸计量槽至三聚甲醛合成反应器管线进行分段吹扫疏通。每段吹扫完成后，确认管线畅通后再连接下一段，直至全系统疏通。严禁在未确认前段管线畅通情况下连续吹扫，以防结晶堵塞加剧。

案例10　三聚单体回收塔工况波动事故

1. 故障经过

2019年1月12日，西部某化工新材料公司，聚甲醛装置单体车间运行二队中班，接班后三聚甲醛脱水单元主操吕某发现单体回收塔再沸器温度为106℃，而且还在升高，正常运行状态下单体回收塔再沸器温度控制指标103℃；单体回收塔塔底压力32.01kPa，持续上涨，18时30分达40kPa联锁切断单体回收塔再沸器蒸汽。联锁复位后，投蒸汽，单体回收塔塔底压力上涨到40kPa，再次联锁。班长马某和中控主操吕某讨论并请教技术员后，判断三聚甲醛单体回收塔液位高。随即岗位人员减少三聚甲醛提纯塔釜液泵、浓三聚泵至三聚甲醛单体回收塔进料量，减少塔顶回流量，从单体回收塔稀甲醛泵入口管线接胶管通过取样漏斗排至三聚排放槽中，至20时30分缓慢投蒸汽，工况逐步恢复正常。

2. 故障原因

（1）单体回收塔再沸器温度一直在涨，偏离指标，中控主操未及时做出调整。

（2）进料量大，物料平衡和所需热量不匹配，导致三聚甲醛单体回收塔液位太高淹塔，蒸发空间不够，使压力升高。

（3）岗位人员操作经验不足，化工原理知识缺乏，对精馏的三大平衡模棱两可，工艺控制指标发生变化时，驾驭能力不足。

3. 处理措施

（1）立即汇报班长、技术员查看单体回收塔再沸器温度趋势，根据趋势走向，进行事故分析，制定解决方案。

（2）通过减少进料、回流量，减少单体回收塔再沸器加热蒸汽量，降低三聚甲醛单体回收塔负荷，增加单体回收塔再沸器分离空间，使蒸发气快速通过回收塔进入后系统，降低系统压力。

（3）在单体回收塔稀甲醛泵入口取样点接金属软管经过取样漏斗排液至三聚排放槽，降低三聚甲醛单体回收塔液位至正常液位后缓慢加负荷。

案例 11　三聚甲醛脱水塔操作指标偏离事故

1. 故障经过

2019 年 1 月 17 日夜班，某化工企业聚甲醛装置，交接班时离心机 A 系列至母液缓冲槽下料管线突然堵塞，启动应急预案，做离心机 A 系列倒离心机 B 系列运行，三聚悬浮液输送泵 B 泵开车后振动剧烈，运行过程中跳车。重启两次，离心机 B 系列跳车。情急之下，再启离心机 A 系列。此时三聚甲醛熔融槽 A 液位偏高，多次排放至三聚排放槽，由于三聚熔融槽 A 三聚甲醛浓度较高，导致三聚排放泵滤网堵塞。多次清洗三聚排放泵滤网，三聚甲醛熔融槽 A 液位仍将近20%，此时浓三聚甲醛槽液位几乎为0，如果浓三聚槽再不进料，三聚甲醛脱水塔面临断料停车的风险，同时会影响下一单元正常生产。事态紧迫，所以没有将三聚甲醛熔融槽A溶液排净，直接启动三聚甲醛悬浮液输送泵A泵进料，使浓三聚甲醛槽水含量超标。进入三聚甲醛脱水塔作为进料，由于组分浓度发生变化，导致三聚甲醛脱水塔塔底温度最低降至95℃。正常控制指标在103~105℃。在调整三聚甲醛脱水塔过程中，主操没有做出正确判断，存在一定的操作失误，导致整个塔控制指标偏离。

2. 故障原因

在前系统工况发生故障，原料储罐组分发生变化时，主操没有提前做出判断，没有对工艺操作及工艺指标做严格把控，对整体工况考虑不足，贸然进行工况调整，导致三聚甲醛脱水塔塔内因三聚甲醛中水含量超标，在加热蒸汽不足，未满足目前精馏所需温度的情况下，三聚甲醛和水发生共沸现象，将三聚甲醛从三聚甲醛脱水塔塔顶带走，造成三聚甲醛脱水塔塔底温度骤降。

3. 处理措施

（1）提高三聚熔融槽A温度，使里面水分快速通过放空挥发，增加进入浓三聚槽三聚甲醛浓度。

（2）适当加大碱液循环计量泵出口新鲜碱液流量，加快萃取反应速率，把三聚甲醛中水分和甲醛等物质快速移走。

（3）提高三聚甲醛脱水塔加热蒸汽流量，使三聚脱水塔塔底温度快速跨过三聚甲醛和水的共沸点温度，尽可能使大部分甲醛水合物从塔顶蒸馏出去，提高塔底三聚甲醛含量。

（4）在重启离心机A的同时，发现三聚熔融槽A液位较高，只考虑浓三聚槽液位低，无法长时间为下一单元供料，甚至会影响三聚甲醛精制单元生产。如果能在第一时间联系聚合单元配合三聚甲醛单元减负荷，就不会导致三聚甲醛脱水塔塔底温度最低降至95℃。把水和甲醛等大量杂质排至碱处理槽，碱处理槽乳化反应差，沉降槽及提浓三聚槽分层不好，通过浓三聚泵将指标严重偏离的物料送至三聚甲醛提纯塔，减少三聚甲醛提纯塔运行周期。情况严重时甚至会导致三聚甲醛精制塔指标偏离，杂质过多，严重影响聚合单元生产运行和成品质量。

案例 12　三聚结晶单元泵大量堵塞事故

1. 故障经过

2021 年 8 月 15 日，西北某新材料科技有限公司聚甲醛生产车间单体运行二队白班，因 A 线三聚结晶器温度一直上涨，在达到 12.8℃时，中控主操段某汇报班长刘某，得到同意后，投用三聚结晶器 C 系列；14 时对三聚结晶器 C 系列流程进行确认，14 时 05 分投用三聚结晶器 C 系列。14 时 11 分在开二楼三聚甲醛悬浮液循环泵 C 入口阀启动泵后，三聚甲醛悬浮液循环泵 A、B、C 出口量突然下降，通知现场人员开大三台泵出口，发现出口量无增大现象，同时发现三聚悬浮液输送泵 A 出口无量，三聚循环泵 A 泵跳车，离心机 A 振值升高。随即停三聚悬浮液输送泵 A 对离心机 A 进行清洗，停三聚甲醛悬浮液循环泵 A、B、C 三台泵，同时对三聚结晶器 A、B、C 三台结晶器进行隔离退冷媒，并汇报领导和技术员。经过判断，认为因三聚结晶器液位太低（三聚结晶器液位 55%），造成壁上结晶掉落致使三聚结晶单元运行泵入口堵塞，随即现场接蒸汽对三聚甲醛悬浮液循环泵 A、B、C 三台泵进行吹扫，于 18 时将三台泵入口全部处理通并投用三聚结晶器 A、B 系列，三聚循环泵 A 倒三聚循环泵 B 运行，18 时 20 分启动离心机 A，工况逐步恢复。

2. 故障原因

（1）在突发情况下，进行结晶器三聚结晶器倒系列作业时，造成三聚结晶器液位过低，壁上结晶掉落致使三聚结晶单元运行泵入口堵塞。

（2）新主操能力不足，经验较少，没有提前进行负荷调整、平衡前后液位，需加强学习和培训。

（3）没有在短时间内，增加三聚结晶单元负荷、降低离心机进料，控制三聚结晶器的安全液位在 80% 以上，进行结晶器三聚结晶器倒系列操作。

（4）班长及主管技术监督重视不够，认为是正常操作，疏忽大意。

3. 处理措施

（1）立即汇报相关人员。

（2）停泵隔离，退冷媒，防止结晶器堵塞。

（3）关闭泵出入口阀，泵隔离后，在泵入口甩头接蒸汽进行吹扫。

（4）在吹扫过程中，不时开密排将泵入口管线内已被蒸汽化开的结晶排掉，直至从出口甩头无液排出，全部为蒸汽，且在开密排时能听到管线内有蒸汽流动声，判断已处理通。

（5）在处理通管线后，启动三聚结晶器系列投冷媒水，三聚结晶器降温。

（6）在三聚结晶器温度降低后，确认离心机，启动三聚悬浮液输送泵，遇三聚悬浮液输送泵出口堵塞，反复用脱盐水冲洗，开密排排放，直至压力正常。

（7）严格控制三聚结晶器在正常液位（80%~85%），液位低于此指标时没有技术员指令严禁倒三聚结晶器系列。

案例 13　三聚甲醛合成再沸器冷凝液甲醛高事故

1. 故障经过

2019 年 12 月 7 日，南方某煤化工企业聚甲醛生产车间，单体工段运行四班 18 时在三聚甲醛合成单元开车过程中，主操马某发现电导表 CRA4111 突然满表，随后对三聚甲醛合成再沸器 B 壳侧冷凝液取样分析，结果发现三聚甲醛合成再沸器冷凝液甲醛超标，连续加样几次甲醛都在 20000mg/L 左右，同时废液槽甲醛也超标 3600mg/L。将三聚甲醛合成反应器蒸汽全退，再次取样发现电导表正常，废液槽甲醛 345mg/L，但在三聚合成再沸器底部取样器冲洗水甩头取冷凝样甲醛依然为20000mg/L，冷凝液总管取样甲醛并不高。现场排查发现当三聚合成再沸器底部取样器正常取样时要用冷凝液冲洗取样点，但现在由于冷凝液压力低，在冲洗取样点时反而会将介质导入冷凝液系统，导致此段冷凝液甲醛超标。

2. 故障原因

工况正常时，取样后开冲洗水冲洗，防止取样点堵塞；但在开车阶段，由于系统还在缓慢升温升压阶段，蒸汽用户少，冷凝液管网压力低，三聚甲醛合成反应器内系统压力高于冷凝液管网压力，现场执行取样操作指令进行取样，取样后开冲洗水反会将三聚甲醛合成反应器内介质导入冷凝液系统，造成三聚甲醛合成再沸器冷凝液甲醛含量高。

3. 处理措施

（1）在开停车阶段，系统运行不稳定状态下，三聚合成再沸器底部取样器不做取样分析。

（2）在冷凝液导淋处接金属软管将甲醛超标凝液排到事故吨桶，进行冷凝液置换，直至冷凝液电导显示正常。

（3）在三聚合成反应器暖管阶段不应安排取样。

案例14　三聚甲醛精制塔液位空事故

1. 故障经过

2020年4月24日，西部某精细化工企业聚甲醛生产装置单体车间三聚甲醛精制单元，在20时28分，由于减温减压装置减压阀故障，7.0MPa蒸汽流量从60t/h突降至11t/h，中控主操吕某立即安排现场将精三聚输送泵出口改采至浓三聚槽，20时35分三聚精制塔蒸汽流量计调节阀阀位开至100%，中控人员将三聚精制塔蒸汽流量计调节阀打手动关小，由于蒸汽量的减少导致三聚甲醛精制塔塔盘液体脱落，塔底液位上涨较快，岗位人员减小三聚甲醛精制塔进料流量，同时将塔底采出三聚精制塔釜液位调节阀打手动开大至60%阀位放液。在20时50分巡盘时发现三聚精制塔釜液位调节阀低至1.8%，立即手动关小三聚精制塔釜液位调节阀进行补液。

2. 故障原因

（1）中控主操在三聚精制塔釜液位调节阀打手动操作后未及时关注跟踪三聚甲醛精制塔液位，导致塔排空。

（2）在三聚甲醛精制塔加热蒸汽量缺少的情况下，主操没有及时减少进料和回流，造成淹塔，随后手动给三聚甲醛精制塔排液，责任心不够造成三聚甲醛精制塔空塔。

（3）岗位人员对断蒸汽预案内容学习不彻底，在事故状态下，无法独立应急。

（4）主操对精馏的原理知识缺乏，在打破三大平衡中的物料、热量平衡后，主操没有引起重视，未及时对工况做出调整。

3. 处理措施

（1）将三聚甲醛精制塔塔底采出由精三聚储槽改采至浓三聚槽，防止影响聚合机反应。

（2）关小塔底采出三聚精制塔釜液位调节阀，加大三聚精制塔进料流量和回流量给三聚精制塔进行补液。

（3）根据精三聚储槽液位，降低聚合机负荷，防止聚合机因断料停车。

（4）加强应急预案学习，班组要多组织进行模拟演练，加强化工原理方面知识的学习。

（5）定期组织技术人员技术培训，不定时通过问答的形式提问，提高中控人员在应急状态下的处理能力。

案例 15　三聚甲醛合成再沸器检修喷溅甲醛事故

1. 故障经过

2020 年 12 月 30 日，东部某聚甲醛化工厂单体运行车间运行三队白班，在进行检修 B 线三聚甲醛合成再沸器过程中，三聚甲醛单元主操向某为了防止三聚甲醛合成反应器进料管线流量计堵塞，没有考虑到检修作业情况，打开调节阀向三聚甲醛合成反应器内进甲醛冲洗管线，甲醛进入后使三聚甲醛合成反应器内物料快速反应放热，导致甲醛溶液从三聚甲醛合成蒸发器上盖板开口处喷出，溅落到检修人员身上。

2. 故障原因

（1）主操与现场人员沟通不到位，未及时了解到现场检修状态。

（2）岗位人员、班长未有效评估现场作业的安全风险，安全意识淡薄。

（3）未对现场阀门实行有效的能量隔离，进行加盲板、上锁挂签。

3. 处理措施

（1）立即关闭三聚合成反应器进料管线流量计调节阀，停止向三聚甲醛合成反应器内进甲醛冲管线。

（2）立即停止现场作业，将检修人员带离现场进行清理，冲洗皮肤表面喷溅的甲醛溶液，防止对人体皮肤造成伤害。

（3）立即汇报班长、部门主管领导现场查看喷溅情况。

（4）领导组织进行事故分析，重新进行安全风险研判，更改检修安全方案。

（5）落实能量隔离，在三聚合成反应器进料流量计前手阀后法兰加盲板，办理上锁挂签手续。

案例16　送风机外送废气管积液造成焚烧停车事故

1. 故障经过

2019年1月21日，西北某聚甲醛化工企业公用工段焚烧装置运行班组一班白班15时52分，中控人员听见短促“砰”的一声，随后外操王某现场查看发现焚烧炉火焰灭，回流风机停，其他风机运行正常，立即汇报主操李某、班长乔某、技术员郭某。检查焚烧分解炉底烧天然气快关阀、废液快关阀联锁关闭。安排现场外操王某关闭天然气手动阀，关闭废液“2”“4”枪截止阀、流量前后截止阀，有机废液泵打回流。开汽包连排、定排。风机炉膛置换，联系仪表、电气人员查看，排查故障原因。

2. 故障原因

进入冬季，受到环境温度影响，单体三聚甲醛废气输送风机出口废气管线中废气冷凝积液，气液夹带进入焚烧分解炉，由于废气没有雾化系统，积液在炉内爆燃，导致炉膛温度迅速升高，联锁停车。

3. 处理措施

（1）现场关闭天然气手动阀、废液截止阀，退有机废液打回流，按照停车步骤进行停车。

（2）汇报相关技术人员及工艺经理，班长安排单体、聚合车间关注尾气回收系统压力，必要时进行放空处理，防止因憋压高联锁停车。

（3）稳定汽包液位，开连排、定排，随时关注现场管线防冻情况。

（4）联系仪表、电气人员排查故障原因。

（5）稳定蒸汽管网，联系调度引蒸汽，确保减温减压装置0.45MPa蒸汽管网压力，维持单体和聚合车间正常运行。

（6）原因排查清楚后，技术员、班长组织焚烧开车，待分解炉运行正常后，投用送风机向焚烧炉送废气。

案例 17　因电伴热温度不够离心机跳车事故

1. 故障经过

2020 年 12 月 22 日，南方某化工生产园区三聚甲醛装置，单体车间化四班中班，22 时 33 分中控主操吕某在 DCS 盘面巡检发现 A 线离心机 B 转速下降，立即联系现场人员准备停三聚悬浮液输送泵 B 泵时，离心机 B 转速已经降到 1300r/min，触发低联锁值，离心机停车。随即联系外操冯某查看离心机实际情况，发现筒体内部堆满物料，离心机因下方管堆料堵塞，导致离心机跳车，三聚悬浮液输送泵 B 联锁停。外操去四楼排查下方管电伴热，温度不够，班长任某联系电气人员再次确认电伴热，电伴热加热带不满足伴热要求。

2. 故障原因

（1）单体厂房 5 楼开门窗，3 处安全出口未挂门帘，厂房环境温度低，离心机 B 下方管因温度低，三聚甲醛介质凝固而堵塞出料口，导致离心机振值高、转速低跳车。

（2）离心机 B 下方管电伴热带不符合工艺伴热要求，控制器温度加热不到所要求伴热温度。

3. 处理措施

（1）新电伴热带没有回来前，增加离心机 B 下方管电伴热数量，保证有足够热量供给。

（2）在安全出口通道悬挂门帘，提高泵房温度，加大现场巡检频次，列为部门级特护设备。

（3）关闭离心机厂房门窗，保证室内温度不能低于 0℃。

（4）做好离心机定期清洗工作，一旦离心机开始转速下降，声音异常，立即停下三聚悬浮液输送泵，停止进料，清洗离心机。

（5）正常操作中加强下方管电伴热检查，如厂房温度低可间歇开下方管蒸汽冲洗，防止出现堆料现象。

案例18 三聚甲醛脱水塔进料流量计堵塞事故

1. 故障经过

2019年4月5日，南方某天然气化工有限公司，聚甲醛生产装置单体车间运行二班白班，12时45分中控主操吴某发现提浓三聚槽液位下降，安排副操检查三聚泵出口压力为0.52MPa，比正常值低，倒泵后压力正常。14时08分现场副操发现三聚泵压力降低，再次倒泵后提浓三聚槽液位依然下降，判断出口管线不畅，现场接蒸汽吹扫三聚泵出口管线，但三聚甲醛脱水塔温度无明显变化，随即汇报技术员刘某，安排拆三聚甲醛脱水塔进料流量计调节阀法兰，检查疏通，15时51分提浓三聚槽液位空，停浓三聚泵，三聚甲醛提纯塔三聚提纯塔减至最低负荷运行。

2. 故障原因

因三聚泵入口三通内漏，导致75℃夹套水进入，与物料三聚甲醛混合，使浓度较高的三聚甲醛形成三聚结晶物，启泵后导致泵出口三聚甲醛脱水塔进料流量计调节阀堵塞。

3. 采取措施

（1）将三聚泵备用泵入口三通上锁挂签，禁止切换三通阀，打开泵体密排。

（2）提前把提浓三聚槽、高浓三聚槽控制在高液位状态，将三聚泵运行泵进行特护运行。

（3）待聚合机计划停车检修期间，择机更换三聚泵入口三通阀。

（4）设备检修后及时恢复保温，定期排放夹套水排污，减少冷区。

案例 19　三聚甲醛悬浮液循环泵入口管堵塞事故

1. 故障经过

2019 年 8 月 8 日，北方某新材料化工有限责任公司聚甲醛生产部单体车间运行三班白班 9 时 28 分，技术监督郭某安排投用三聚结晶器 A，中控主操李某将三聚结晶器液位提至 86%，在投用过程中三聚结晶器内壁块料脱落，中控主操李某发现三聚甲醛悬浮液循环泵 A、C 出口流量计无量，立即汇报班长卢某，通知岗位人员现场查看机泵运行压力，岗位人员现场查看反馈机泵出口压力为 0.1MPa，低于正常压力，所以判定三聚甲醛悬浮液循环泵 A、C 泵入口管线堵塞。岗位人员立即退三聚结晶器 A、C 冷冻水，接蒸汽吹扫三聚甲醛悬浮液循环泵 A、C 入口管线，通过 4h 疏通处理，13 时 30 分三聚甲醛结晶工况恢复正常。

2. 故障原因

长时间运行，三聚结晶器内壁块料积累较多，在准备结晶器倒系列操作时，由于三聚结晶器进料过快，未及时给三聚结晶器增加负荷，导致三聚结晶器液位下降迅速，筒体内壁粘连的晶体脱落导致三聚甲醛悬浮液循环泵 A、C 入口管线堵塞。

3. 处理措施

（1）及时汇报班长卢某、主管技术监督郭某，制定应急处理方案。

（2）及时关三聚结晶器 A、C 乙二醇上回水阀门，将三聚结晶器 A、C 乙二醇全部退出，防止三聚结晶器 A、C 内部堵塞。

（3）现场接蒸汽吹扫三聚悬浮液循环泵入口管线，直至管线吹通。

（4）通过三聚结晶器清理流程操作，再次进行清洗，保证管道设备无堵塞。

（5）今后在投用三聚结晶器时，将三聚结晶器液位提高至90%再投用。

（6）三聚甲醛悬浮液循环泵启动时要将出口阀关闭，切勿将出口阀门打开启动机泵，不按规程操作会造成机泵启动时瞬时电流过大导致机泵过载跳车，严重时会造成机泵故障，发生设备损坏事故。

（7）因装置运行时间较长，三聚甲醛结晶器内壁三聚甲醛结晶物积累多，今后在投用三聚结晶器时，需将三聚结晶器液位提至90%后再投用，防止三聚甲醛结晶脱落。

案例20 精制三聚甲醛结晶单元停车导致冷冻机跳车事故

1. 故障经过

2018年5月23日，南方某精细化工生产企业聚甲醛生产部单体车间运行四班中班23时56分，因单体三聚甲醛结晶和分离熔融单元需要紧急停车，退冷媒操作时，未及时联系冷冻站对冷冻机进行减载，降负荷，导致冷冻机B、C温度快速下降，达到 -14℃联锁跳车。汇报班长卢某后，联系现场外操郭某共同确认冷冻机B、C可以正常启动，等待停机延时结束后，重新启动冷冻机B、C。

2. 故障原因

在单体三聚甲醛结晶和分离熔融单元紧急停车操作中，由于班长卢某组织协调不好，现场外操郭某在退回三聚甲醛结晶单元冷媒水时操作太快，导致冷冻机B、C在手动控制操作下，因载位过高以致出水温度低联锁跳车。

3. 处理措施

（1）汇报班长、运行经理、分管技术员进行事故分析。

（2）通知单体岗位冷冻机跳车，单体做短时间应急处理，调整工况，控制各单元指标参数在正常操作范围。

（3）技术员、班长现场排查跳车原因后，等待冷冻机联锁延时保护时间结束，复位后重启正常。

（4）中控主操根据冷冻水温度，调整工况至最佳状态。

（5）制定应急演练方案，提高演练培训频次，提高班长及主操应急处置能力。

案例 21　废液槽超标事故

1. 故障经过

2018 年 11 月 3 日，北方某化工生产园区聚甲醛生产装置单体车间运行四班中班，18 时单体现场操作工雷某接到投用三聚合成蒸发器连续排液指令，在确认连续排液三聚合成蒸发器至合成废液蒸发器流程过程中，发现合成废液蒸发器底部角阀没有关死，手阀关过了，导致部分甲醛和硫酸溶液进入废液槽，便立刻重新关闭阀门。随即联系中化做废液槽样，分析结果：pH 值为 2.1，甲醛含量为 2324ppm，COD 为 16000mg/L。汇报后，技术员乔某指示加样，同时启动废碱泵给合成废液蒸发器加碱进行中和反应。

再次做样发现 pH 值变成 3.0，甲醛含量为 2038ppm，COD 为 10500mg/L，汇报污水主管技术员、部门工艺经理，经开会研究，指示送往事故池。

2. 故障原因

（1）未按开车确认单对系统低点导淋、出口排液阀门进料前确认。

（2）上个班次在合成废液蒸发器废液蒸发排液后未关到位的流程，待再次投用连排时，没有引起外操、中控主操、班长足够重视，导致重复性事故再次发生。

（3）逐级确认制度执行不到位，班长和分管技术员未进行再确认。

3. 处理措施

（1）现场投用连续排液时要严格执行确认单制度，班长及分管技术员进行再确认。

（2）加强现场人员培训，提高实操业务能力，避免发生重蹈覆辙的事故。

（3）对班长加强全方位培训，提高他们对工况把控能力。

（4）将超标水送污水事故池进行处理。

案例 22　三聚甲醛结晶工段配比错误事故

1. 故障经过

2019 年 8 月 24 日，东北某化工园区聚甲醛化学品公司单体车间运行三班白班，A 线三聚甲醛单元 9 时 07 分清洗离心机 B，9 时 19 分清洗完毕恢复三聚甲醛母液配比时将三聚甲醛与母液进料流量配比由原来 1∶1.3 调至 1∶0.3，少一方母液，持续运行将近 7h 未发现，导致三聚甲醛结晶单元晶体浓度最高达到 38%，三聚结晶器 AB 轴销子连续断裂 2 根，直到中班接班才发现并做应急处理，及时调整，提高母液流量，稀释晶体浓度。

2. 故障原因

（1）三聚甲醛与母液配比调整错误，导致三聚结晶器中三聚甲醛浓度高，三聚结晶器运转困难。

（2）中控主操责任心不强，连续抄报表 6h 未发现，导致事故扩大化。

（3）三聚甲醛母液流量配比值，在 DCS 后台未设置比值低声光报警安全提示。

3. 处理措施

（1）通知中化不定期取样分析，现场取样观察晶体浓度。

（2）减小三聚甲醛进料，调大母液流量，提高三聚甲醛母液配比量，同时减少三聚悬浮液输送泵出口流量，降低三聚结晶器负荷。

（3）调整三聚甲醛悬浮液循环泵出口阀，增加三聚结晶器—三聚甲醛悬浮液循环泵—三聚结晶器循环量，加快晶体稀释。

（4）减少三聚结晶器冷冻水流量，将三聚结晶器温度控制在指标上限12~13℃，直至恢复正常浓度。

（5）班长不定期检查工况运行情况，抽查主操记录抄写真实度，对假数据事件进行加重考核。

案例 23 50℃热水泵倒泵引起三聚甲醛合成单元工况波动事故

1. 故障经过

2020 年 8 月 25 日，某聚甲醛化工厂聚甲醛单体车间运行班组丙班白班，9 时 40 分岗位外操人员王某测温测振发现 50℃热水泵 B 振值异常，随后汇报主操张某、班长陈某、技术员乔某现场三级确认；10 时 50 分，根据技术监督员乔某的指令，现场操作人员王某进行 50℃热水泵 B 泵切换至 A 泵的操作。检查发现 50℃热水泵 A 盘车灵活，油位正常。启动 A 泵后，王某缓慢开关 A、B 泵出口阀门，但未完全关闭 B 泵出口阀就停止了 B 泵运行，导致进入合成冷凝器的 50℃热水流量骤降。因热水工况异常，合成冷凝器无法充分冷凝三聚甲醛合成气，使得回流至合成蒸馏塔的冷凝介质量减少，造成三聚甲醛合成单元工况波动。现场人员立即完全关闭 B 泵出口阀，工况随后恢复正常。

2. 故障原因

（1）50℃热水泵出口管径大，在没有全关闭泵出口阀的情况下就停泵，出口的水通过回流管线倒回 50℃热水槽，进入 50℃水系统的水量减少。

（2）50℃热水泵B出口止逆阀未关到位，50℃热水泵A出口水由50℃热水泵B出口管线大量回流至泵入口，造成入管网水量压力、流量下降，高处用户缺水，工况异常。

（3）未正确按照热水泵倒泵确认单操作，中控现场沟通不到位。

3. 处理措施

（1）汇报主操、班长、值班技术员做应急处理，尽快恢复工况正常运行状态。

（2）班长组织现场人员快速关闭50℃热水泵B泵出口阀，提高50℃热水泵A出口压力及流量，满足50℃水用户冷却水量。

（3）调整三聚甲醛合成反应器蒸汽量，降低负荷，减少进入合成冷凝器的三聚甲醛合成气，控制精馏塔合成蒸馏塔的热量平衡。

（4）提高合成蒸馏塔回流的流量，控制塔顶温度，维持气液平衡。

案例24　三聚熔融槽保温棉着火事故

1. 故障经过

2019年6月10日，西北某新材料化工有限公司，聚甲醛装置单体车间运行一班白班，C线三聚甲醛单元现场操作人员云某在巡检到5楼三聚甲醛分离、熔融工段离心机B时，发现离心机B下方冒烟，立即汇报中控主操贾某。班长马某上前查看发现三聚熔融槽B罐体保温棉着火冒烟，立即汇报工艺技术监督刘某、安全经理何某，同时组织班组应急救援小组，一组人从分配站接氮气软管插入三聚熔融槽B保温棉内进行氮气保护，另一组人接软管使用生消水，向三聚熔融槽B罐体保温铝皮内注水，直至没有烟冒出，联系保温队维护人员拆清着火处保温棉，以确认火焰扑灭，排查着火原因。

2. 故障原因

C 线三聚熔融槽搅拌器 B 检修减速机更换润滑油时不慎将油漏在三聚熔融槽 B 顶部，这期间将三聚熔融槽大盖上部油污清理干净，未重视有油渗入三聚熔融槽 B 本体保温内，技术监督刘某安排离心机 A 倒 B 系列，在三聚熔融槽 B 升温时，保温内长时间残留废油，受热导致油浸湿的保温棉着火冒烟。

3. 处理措施

（1）现场人员立刻汇报班长，并组织班组应急救援小组接氮气软管对着火保温棉进行氮气保护，防止发生爆燃，同时接生消水冲洗三聚熔融槽 B 设备本体冒烟处。

（2）联系保温队拆保温，清理油渍保温棉，配合工艺人员确认着火原因。

（3）彻底清理三聚熔融槽 B 顶部及罐体残留的油渍，更换新的保温棉。

案例 25　母液缓冲槽搅拌器跳车事故

1. 故障经过

2020 年 3 月 23 日，西北某新材料科技有限公司聚甲醛装置单体车间运行二班白班，15 时 35 分中控主操李某巡盘发现母液缓冲槽搅拌器色变显示停止信号，随即通知外操人员徐某去现场确认发现停运，便将操作按钮切换至停止位置，通知电气人员王某在机柜间控制柜排查停机原因，发现是因电机温度高过载导致。现场测得电机温度 80℃，拆卸后发现电机散热风叶已融化，安排检修人员更换电机，到 22 时 25 分检修结束，但由于母液缓冲槽搅拌器停止时间太长，导致三聚母液流量计管线堵塞，三聚甲醛结晶和分离、熔融单元停车，投用夹套处理，在母液缓冲槽取样点接蒸汽疏通。3 月 24 日 2 时 57 分管线疏通，三聚甲醛结晶和分离、熔融单元开车正常，母液缓冲槽搅拌器运行正常。

2. 故障原因

本搅拌器为立式电机，固定风叶的滑键是塑料材质，经长时间高温烘烤或磨损脱落，风叶附着在泵轴上经高温熔化，电机在没有散热风扇的空冷下长周期运行，机械能产生的热量无法带走，造成电机温度越来越高而自保护跳车。

3. 处理措施

（1）设备检修尤其对关键部位检修，技术员应对检修工进行技术交底并全程跟踪，提升检修质量并保留数据和照片。

（2）统计装置区安装塑料风叶的电机，修电机时附加检查风叶及固定风叶的滑键。

（3）操作工按聚甲醛测温测振制度定期测温测振，技术员、技术经理每天不定时抽查，严格执行三级管理制度。

（4）统计装置区安装塑料风叶的电机，制定巡检表，定期巡检。

案例 26 三聚甲醛悬浮液输送泵跳车事故

1. 故障经过

2020 年 1 月 14 日，西南方某新材料科技有限公司聚甲醛装置单体车间运行二队白班当班期间，8 时 45 分 C 线主操李某发现三聚甲醛结晶单元，三聚甲醛悬浮液输送泵三聚悬浮液输送泵 B 运行指示信号灯变红，同时三聚悬浮液输送泵出口无流量显示，经外操张某现场确认三聚悬浮液输送泵 B 自停，汇报班长马某，联系电气技术人员排查自停原因。清洗离心机后再次启泵无法正常启动，电气人员回复有联锁影响，最终仪表人员排查出因离心机 B 主电机信号色变显示停止状态，实际是运行状态，因色变假指示，导致三聚悬浮液输送泵 B 联锁回路误动作停机。离心机 B 主电机色变信号正常后，联锁复位，再次启动三聚悬浮液输送泵 B 泵，现场运行指示灯显示正常，离心机进料流量处于正常值。

2. 故障原因

由于三聚悬浮液输送泵与离心机设置联机运行安全联锁，只有在离心机运行时或显示运行状态，三聚悬浮液输送泵才能启动；因离心机 B 主电机运行信号显示停止（实际运行），导致三聚悬浮液输送泵 B 联锁跳车。

3. 处理措施

（1）联系仪表人员设置安全联锁延时，确保系统在触发联锁之前有足够的时间进行判断和处理，防止因瞬时信号导致的误触发，确保联锁操作的准确性。

（2）为了平衡流量和压力的需要，三聚悬浮液输送泵添加多台螺杆泵联机运行，联机运行可以提高系统的可靠性和工作效率，同时也可以减少单台泵的负载和损耗，延长泵的使用寿命。

案例 27　三聚提纯塔液位计膜盒损坏事故

1. 故障经过

2021 年 9 月 19 日，西北某新材料化工有限公司聚甲醛装置单体车间运行四班夜班，接技术监督乔某指令，进行三聚甲醛提纯塔倒三聚提纯塔 B 塔操作，中控主操刘某开三聚提纯塔 B 塔蒸汽流量计调节阀阀位 9% 给塔升温，三聚提纯塔 B 塔温度升到 100℃关闭三聚提纯塔 B 塔蒸汽流量计调节阀，打开三聚提纯塔 B 至三聚排放槽进行排液，排空后给三聚提纯塔 B 塔进行补液。中控主操刘某发现液位不涨，通知现场外操冯某从视镜查看实际液位计，发现现场液位涨幅很快，主操刘某安排现场关闭三聚提纯塔 B 液位调节阀及切断阀，联系值班仪表人员处理。仪表人员李某检查后发现液位计膜盒腐蚀严重，导致硅油泄漏，造成液位计无法正常显示。

2. 故障原因

三聚提纯塔B塔液位计是双法兰远传差压变送器，而双法兰远传差压变送器由差压变送器、毛细管和带密封隔膜的双法兰组成；密封隔膜的作用是防止管道中的介质直接进入差压变送器，它与变送器之间注满液体，一般采用硅油。由于密封隔膜盒腐蚀严重，导致硅油泄漏，造成液位计无法正常显示。

液位变送器漏油的原因可能有多种，常见的有以下几种：

（1）密封圈老化磨损。

（2）液位变送器安装不当，导致密封圈损坏。

（3）液位变送器长期在高温、高压、腐蚀性介质等条件下运行，导致密封圈损坏。

3. 处理措施

（1）汇报班长、值班技术员进行事故分析，制定应急处置方案。

（2）联系仪表人员查看，确认问题所在，研究液位变送器漏油的处理措施。具体处理方法如下：

①更换密封圈。当发现密封圈老化或磨损后，应及时更换新的密封圈。更换密封圈的时候，应选择与原密封圈相同规格的密封圈，并做好安装。

②修理液位变送器。如果液位变送器损坏较轻，可以考虑修理，修理时需要注意：一是要做好安全防护工作；二是修理前应对液位变送器进行全面检查，查明故障原因，确保修理的准确性和可靠性。

③更换液位变送器。液位变送器损坏严重，无法修理的时候，应及时更换为新的液位变送器。在更换液位变送器的时候，应选择与原液位变送器相同型号的液位变送器，并注意安装位置和安装方式。

（3）岗位人员进行三聚提纯塔B排液、置换、能量隔离，配合仪表检修。

（4）仪表人员办理检修作业票，作业前安全研判，寻找备用液位计进行更换。

第三章

二氧戊环单元故障案例

案例 1　粗二氧戊环计量泵倒泵误操作事故

1. 故障经过

2017 年 2 月 25 日，华北某化工厂聚甲醛生产车间运行班组白班，在 9 时 50 分时，中控主操牛某发现 A 线二氧戊环萃取塔二氧戊环进料流量显示偏低，立即将粗二氧戊环泵出口流量计调节阀打手动进行调整，流量变化不是太明显。9 时 55 分安排现场常某进行倒备用泵运行，10 时粗二氧戊环计量泵 B 泵倒粗二氧戊环计量泵 A 泵运行，A 线粗二氧戊环计量泵 B 泵隔离检修查找不打量原因，倒泵后粗二氧戊环计量泵 A 泵入口密排未关，导致粗二氧戊环储槽液位由 57% 掉至 36%，浪费大量二氧戊环。

2. 故障原因

（1）现场倒粗二氧戊环计量泵时未关密排阀，浪费大量二氧戊环。

（2）未执行倒泵确认单制度。

（3）外操操作技能不足，对计量泵倒泵操作流程不熟练。

（4）主操未起到提醒作用，DCS 画面中指标监控不到位。

3. 处理措施

（1）发现后立即关闭运行泵粗二氧戊环计量泵密排，将二氧戊环排放液槽中二氧戊环返回粗二氧戊环储槽，送到二氧戊环蒸馏塔重新蒸馏。

（2）根据考评制度对未执行倒泵确认单制度者考核，进行事故分析。

（3）加强培训力度，提高操作人员技能水平。

（4）确立再汇报制度，逐级确认，规避事故发生。

案例2　二氧戊环合成反应器液位调节阀假信号事故

1. 故障经过

2019年5月15日，东北某化工企业聚甲醛生产车间，单体运行班组甲班白班，二氧戊环合成反应器液位调节阀假指示，班长高某联系仪表人员郭某处理后，岗位人员手动控制观察运行，22时中控主操黄某将二氧戊环合成反应器液位调节阀投自动控制，液位显示77.1%。夜班3时25分，主操杨某发现二氧戊环合成反应器液位调节阀MV值开到100%，液位依然显示77.1%，二氧戊环合成反应器气相温度已经从99.4℃降到97.5℃，随后手动关小阀位，联系仪表人员郭某处理，发现雷达液位计死机，导致假指示。恢复后液位达到95%，经现场实际观察二氧戊环合成反应为器高液位。

2. 故障原因

雷达远传液位计长时间假指示，中控主操人员在每小时监盘、抄写报表过程中，没有及时发现液位假，导致二氧戊环合成反应器长时间高液位。

3. 处理措施

（1）联系仪表人员及时检修维护，重新校准二氧戊环合成反应器液位调节阀。

（2）将二氧戊环合成反应器液位调节阀由自动改手动操作，把阀位调整至正常工况时 MV 值。

（3）现场每小时通过二氧戊环合成反应器顶部视镜，观察实际液位是否与中控一致。

（4）减少二氧戊环合成反应器加热蒸汽量，低负荷运行，控制二氧戊环合成反应器液位在指标范围内。

案例 3　二氧戊环精制塔液面空事故

1. 故障经过

2019 年 12 月 3 日，东北某聚甲醛化工企业单体车间运行队乙班中班，17 时 40 分主操牛某在抄写报表时发现二氧戊环精制塔液位持续下降，二氧戊环精制塔釜液位计阀位关至 0%，二氧戊环精制塔液位仍没有回头，还在继续下降。主操牛某缺乏操作经验，只想如何控制塔的液位，未全方位地查看整个系统变化情况，未发现二氧戊环单元系统压力下降，导致二氧戊环精制塔液位因系统压力不足失真。19 时 50 分二氧戊环精制塔液位降至零，造成二氧戊环精制塔干烧。中控主操牛某发现后将二氧戊环精制塔蒸汽流量减至 28kg/h，二氧戊环精制塔塔顶回流流量加至 210L/h，二氧戊环精制塔釜液位计液位开始上涨，在 22 时 30 分后液位达到 65%，开始送粗二氧戊环储槽。

2. 故障原因

三聚甲醛单元检修时，系统压力下降，影响到二氧戊环单元系统，导致二氧戊环单元系统压力低。二氧戊环精制塔压力下降引起二氧戊环精制塔灵敏板温度显示异常偏低，此时二氧戊环精制塔灵敏板温度与二氧戊环精制塔塔顶回流串级，二氧戊环精制塔回流流量无限制减小，由 220L/h 减至 80L/h，二氧戊环精制塔平衡被破坏，大量液体蒸发至塔顶，导致二氧戊环精制塔塔釜液面空，使塔釜干烧。

3. 处理措施

（1）二氧戊环精制塔塔底采出由精二氧戊环储槽改至粗二氧戊环储槽，汇报班长樊某、技术员刘某。

（2）取消二氧戊环精制塔灵敏板温度与二氧戊环精制塔塔顶回流流量串级，手动开大二氧戊环精制塔塔顶回流流量。

（3）二氧戊环精制塔蒸汽流量计调节阀手动控制，减少二氧戊环精制塔蒸汽量。

（4）提高粗二氧戊环泵出口流量，增加二氧戊环萃取、提纯和精制负荷。

（5）查找原因，恢复二氧戊环单元系统压力。

（6）待二氧戊环精制塔见液位后，手动控制二氧戊环精制塔塔釜液位计，既保证二氧戊环精制塔塔底有液流动，也保证二氧戊环精制塔液位平缓上涨。

（7）待系统压力恢复正常以后及时调整二氧戊环精制塔各项指标，二氧戊环精制塔塔釜冷却器后取样器取样分析。

案例4　半缩醛反应器温度严重超标事故

1. 故障经过

2020年10月8日，东北某新材料化工厂聚甲醛生产装置单体车间运行班组二班夜班，1时35分在进行半缩醛配制操作时，半缩醛反应器进完乙二醇，联系现场人员投用0.1MPa蒸汽冷凝液给半缩醛反应器升温，半缩醛反应器温度升至80℃时，中控主操杨某未及时关闭蒸汽阀调节阀，也未安排外操关闭现场手阀，半缩醛反应器一直保持升温状态，待半缩醛反应器进甲醛后温度升至102℃，偏离运行指标，导致严重超温，半缩醛反应器中甲醛挥发，进入放空系统，造成浪费，半缩醛配比不合格。

2. 故障原因

中控主操疏忽大意，用手机查看班组群里所发信息，忘记半缩醛反应器进乙二醇后升温这一操作，待半缩醛反应器升温完毕未及时关闭蒸汽调节阀及现场手阀，而乙二醇和甲醛反应同时放热，导致半缩醛反应器严重超温。

3. 处理措施

（1）立即关闭半缩醛反应器蒸汽调节阀和现场手阀，关闭冷凝液导淋后手阀，打开冷凝液导淋泄压。

（2）停止半缩醛反应器搅拌器，让半缩醛反应器自然降温至 80℃，现场切换浓甲醛泵至半缩醛反应器三通阀补进甲醛。

（3）启动半缩醛反应器搅拌器半小时，待半缩醛反应器反应完毕后及时停止搅拌，联系质检人员取样分析乙二醇和甲醛浓度，确定半缩醛配比。

（4）车间制定中控主操上班期间禁止玩手机管理制度，组织班组学习，防止因疏忽发生误操作事故。

案例 5 二氧戊环精制塔采出切换储罐误操作事故

1. 故障经过

2019 年 6 月 28 日，东北某新能源化工企业，聚甲醛生产装置单体车间运行队一班白班，15 时 26 分，仪表人员赵某现场检修时，在无工艺人员监护的情况下，拆错温度探头，声光报警发出报警提示。中控主操刘某发现后将此温度探头控制的循环水调节阀打到手动状态，但是阀位无法开到正常开度，导致二氧戊环提纯塔塔顶超压，二氧戊环从二氧戊环提纯塔顶冷凝器气相流失，二氧戊环精制塔回流罐储罐空液位，二氧戊环精制塔断进料，立即安排现场人员王某把二氧戊环精制塔改采至粗二氧戊环储槽。17 时 50 分班长徐某现场查看确认二氧戊环精制塔至精二氧戊环储槽A、B和粗二氧戊环储槽的球阀都是打开状态，安排关闭至精二氧戊环储槽A、B罐阀门。

产生的后果是：精二氧戊环储槽A、B储罐水含量全部超标，15时52分精二氧戊环输送泵送精二氧戊环储槽B（水含量78.71%）到C线精二氧戊环储槽，聚合机16时30分开始波动，电流上涨，中班1CSP6106水含量170ppm，夜班涨至460ppm，汇报后安排C线精二氧戊环储槽返液至C线粗二氧戊环储槽，用A线合格二氧戊环置换，直到6月29日中班，C线精二氧戊环储槽置换合格。

2. 故障原因

（1）现场误操作，包括现场阀门开关状态错误和阀门开关顺序错误。

（2）中控监盘不到位，指标偏离未发现，也未及时对报警进行查看，导致二氧戊环精制塔进料流量计无流量，才安排现场进行二氧戊环精制塔改采操作。

（3）仪表人员在无工艺人员监护的情况下进行检修，拆错温度探头，引起后续的一系列操作。

（4）在交班前半小时不应该有关键性的操作，而且在向聚合单元送二氧戊环前进行了二氧戊环精制塔改采操作，但并未对精二氧戊环储槽A、B再次取样分析。

（5）二氧戊环精制塔改采操作完后，中控人员未对精二氧戊环储槽A、B储罐液位进行监控。

3. 处理措施

（1）现场立即关闭至二氧戊环精制塔精二氧戊环储槽AB的阀门，开二氧戊环精制塔至粗二氧戊环储槽阀门。

（2）立即汇报班长、技术员进行事故分析，制定相应的处理措施。

（3）立即安排质检对精二氧戊环储罐取样，进行二氧戊环水含量分析。

（4）按照技术员指示，将不合格的二氧戊环返回粗二氧戊环槽进行重新精制。

（5）关键位置的阀门如二氧戊环精制塔到精二氧戊环储槽A、B的球阀应加醒目标识和标牌。

（6）设备及重点仪表检修期间，监护人员不得擅自离岗，如需离开，必须停止作业或找同岗位人员替代。

案例6　新鲜碱液泵跑碱引起环保事故

1. 故障经过

2020年1月8日，西北某化工生产企业聚甲醛装置单体车间运行甲班中班，21时中控主操赵某发现萃取碱液计量泵A泵出口流量低，调整变频提高负荷不明显，随即安排副操李某将萃取碱液计量泵A泵倒萃取碱液计量泵B泵运行，李某确认完毕后汇报中控主操进行倒泵操作。21时30分中控主操赵某发现新鲜碱液槽液位由50%掉至20%，立刻汇报班长，通知现场排查，最终发现萃取碱液计量泵B泵入口密排未关闭，碱液排至废液槽，导致C线废液槽碱含量严重超标，造成环保事故。

2. 故障原因

（1）倒泵时萃取碱液计量泵B泵入口密排未关到位，碱液排到废液槽。

（2）操作人员对于现场管线还不是很熟悉。经与当事人核实，现场人员已按确认单反复检查多次，但由于入口密排管线及阀体被保温盒包着，对于阀门的开、关状态分辨错误，认为阀门位置为关闭状态，导致事故发生。

（3）中控主操对于DCS画面巡检不及时，跑碱半小时后才发现新鲜碱液槽液位异常下降，使事故扩大化。

3. 处理措施

（1）现场排查，发现后立即关闭运行泵萃取碱液计量泵B密排。

（2）废液槽取样分析pH值（或碱浓度）。

（3）与公用工程联系，根据污水状况及指令要求控制废液槽外排量。

（4）汇报班长、技术员、车间领导。

案例7　二氧戊环排放槽出料泵液误送至粗二氧戊环储槽内事故

1. 故障经过

2020年1月17日，北方某新材料化工科技有限公司聚甲醛装置单体车间运行班组白班，二氧戊环工段机泵进行月度例行倒班作业，为确保备用泵第一次开车成功，避免机泵发生气缚，需要对备用泵通过出口密排管线灌泵排气；排出的二氧戊环回收到二氧戊环排放槽二氧戊环排放液槽，14时04分A线主操张某发现二氧戊环排放液槽液位高报，安排现场郝某启二氧戊环排放槽出料泵送液至可燃废液槽时，现场人员对流程不熟，阀门开关错误，把二氧戊环排放液槽液送至粗二氧戊环储槽，致使粗二氧戊环储槽液位上涨6%，导致粗二氧戊环储槽组分发生变化，工况波动。

2. 故障原因

（1）现场操作人员对流程不熟练，阀门确认不到位。

（2）现场工艺管道及重点阀门未增加管道标识，易导致操作错误的流程，以及阀门未采取加盲板、上锁挂签、能量隔离措施。

3. 处理措施

（1）汇报班长、技术员进行事故分析，制定应急处理方案。

（2）二氧戊环精制塔塔底产品由精二氧戊环储槽改采至粗二氧戊环储槽，防止因工况波动污染成品罐。

（3）增加进入二氧戊环萃取塔新鲜液碱碱量，利用碱萃取原理，脱除二氧戊环排放液槽来的杂质（甲醛、甲酸、水）提高二氧戊环浓度。

（4）联系质检人员从二氧戊环蒸发器、精二氧戊环储罐取样复核二氧戊环蒸发器和精二氧戊环储槽 A、B 中水含量。

（5）联系质检人员从粗二氧戊环储槽取样器复核粗二氧戊环储槽二氧戊环含量。

案例 8　再生碱液泵泵体高温事故

1. 故障经过

2020 年 5 月 29 日，西北某新能源化工生产企业聚甲醛装置单体车间运行班组白班，碱液再生工段，进行回收萃取碱液操作，在碱液再生蒸发器中通过 0.45MPa 蒸汽加热混合液，利用各组分沸点不同，将轻组分蒸发，提浓碱液回收，再生碱液槽中的再生碱液通过再生碱液泵输送到再生碱液蒸发器。在再生碱液泵运行过程中，岗位人员于某对机泵进行测温测振，发现泵体温度偏高，汇报班长杨某，将压缩空气临时降温，全开出口阀快速将再生碱液槽液送到再生碱液蒸发器后，停机排查更换机封，再生碱液泵更换机封检修完成后，再生碱液泵打循环正常运行。15 时现场操作工对再生碱液泵进行测温测振，发现泵体温度高达 100℃以上，立即汇报主操、班长和技术员，经技术员现场检查确认为再生碱液泵回流阀开度小，造成再生碱液泵温度高，将回流阀开大后泵体温度恢复正常。

2. 故障原因

（1）原设计再生碱液泵是间歇操作，再生碱液泵长周期低负荷连续运行，与设计操作相悖，再生碱液杂质较多，导致机封摩擦产生热量。

（2）现场经验不足，再生碱液泵不外送进行回流操作时，回流阀开度控制太小（回流阀 1/3），回流量不够。

3. 处理措施

（1）调整系统压力，开大回流阀至1/2，提高外送流量。

（2）再生碱液泵采取间歇操作，停机后及时隔离进出口阀门，对机封用脱盐水冲洗。

（3）加强现场操作工技能培训。

案例9　半缩醛反应器至半缩醛储槽球阀内漏事故

1. 故障经过

2020年9月16日，北方某精细化工生产公司聚甲醛装置单体车间运行四班白班，9时30分半缩醛在半缩醛反应器中完成配制，岗位主操王某联系质检人员取样分析乙二醇与甲醛比值，10时30分质检李某下样单报告比值正常，在1.95~2.03控制范围内；10时35分岗位主操王某安排现场人员赵某将半缩醛反应器中半缩醛排放到半缩醛储槽，半缩醛反应器至半缩醛储槽有两道排液阀，在确认半缩醛反应器排空后，依次关闭七楼底阀、五楼半缩醛反应器至半缩醛储槽球阀。

9月17日运行三班，分析二氧戊环合成反应器中催化剂对甲基苯磺酸浓度低于8%，安排现场外操贾某按照制度给二氧戊环合成反应器配催化剂，经确认打通半缩醛反应器至N511流程，打开半缩醛反应器底部排液阀。中控主操杨某发现半缩醛储槽液位上涨，二氧戊环单元系统压力同一时间也在升高，立即让现场关闭半缩醛反应器底阀，系统压力停止上涨，2min后查看液位趋势，半缩醛储槽液位趋势变平。

2. 故障原因

半缩醛反应器至半缩醛储槽二次球阀球体密封面磨损，存在内漏，在打开半缩醛反应器底部排液阀时，造成半缩醛反应器中半缩醛漏到半缩醛储槽内，导致半缩醛储槽液位上涨。由于半缩醛反应属于放热反应，热气通过半缩醛储槽放空管线串入系统放空总管，造成二氧戊环单元系统压力升高。

3. 处理措施

（1）发现半缩醛储槽液位上涨时及时关闭半缩醛反应器至半缩醛储槽排液底阀。

（2）汇报班长、技术监督，组织中控主操、现场外操排查原因。

（3）二氧戊环精制塔塔底产品采出由精二氧戊环储罐改至粗二氧戊环储槽，系统泄压，做短时间停车，系统维持热态，待阀门更换完成及时充压开车。

（4）制定操作指令：要求半缩醛反应器排液后的两道阀必须关住，向中控及时反馈；若半缩醛反应器底阀关不严或忘记关，半缩醛反应器—半缩醛储槽二次球阀内漏时会导致半缩醛反应器中的乙二醇漏到半缩醛储槽中，以致半缩醛储槽中的半缩醛不合格，影响二氧戊环的产能，造成不必要的损失。

（5）联系检修维护人员提前找好同规格、型号球阀，准备好工具，佩戴个人防护用品，更换阀门。

第四章

聚合装置聚合反应单元故障案例

案例 1　氮气过滤器滤袋紧固不到位造成堵料事故

1. 故障经过

2018 年 3 月 3 日 14 时，西北某化工企业聚合装置聚合工段在粉料试车过程中，氮气引风机风量从正常的 $5300Nm^3/h$ 经 25min 后掉至 $1000Nm^3/h$，中控立即停止研磨干燥设备。班长组织人员现场查找原因，拆开安全过滤器前人孔发现内部有粉料，确认氮气过滤器滤袋漏粉造成堵料，班长进行汇报后，联系检修人员清理安全过滤器滤网。拆开氮气过滤器检修孔发现部分滤袋松动，拆下所有滤袋无破损情况，认定为安装不合格造成漏粉，重新安装后恢复生产。

2. 故障原因

（1）现场人员没有监护好滤袋回装工作。

（2）主操没有及时提醒现场人员监护好滤袋的回装是否紧固。

（3）中控操作人员盘面巡检不到位，未及时发现氮气引风机风量下降。

（4）主操及现场操作人员对化工操作较生疏，系统概念较模糊，对新员工培训不到位。

3. 处理措施

（1）停车后对滤袋进行统一的检查和紧固。

（2）制定严格的滤袋装填确认单和监护体系，防止类似事件发生。

（3）之前安装都是一个卡箍，振动大或者松动很容易造成脱落漏粉，此次回装设计成双卡箍结构。

案例 2　切换三氟化硼误操作导致第一段减压阀损坏

1. 故障经过

2024 年 4 月 6 日 0 时左右，某聚甲醛生产企业外操人员李某在聚合三楼巡检时，突然收到中控人员呼叫三氟化硼没有压力需要切换钢瓶，李某收到呼叫后，未联系中控擅自把钢瓶切换至有压的一端，导致中控未能及时调整，造成三氟化硼第一段减压阀损坏。

2. 故障原因

主要原因：李某未执行“操作前确认”制度，擅自切换钢瓶，导致中控失去调整时机，属于违章操作，未按操作规程进行作业。

间接原因：操作人员安全意识不足，对作业期间存在的风险未进行有效分析。

3. 处理措施

（1）加强安全培训，提高员工安全意识。

（2）严格执行操作规程，对违反操作规程的行为严肃处理。

（3）定期开展风险评估和隐患排查，及时发现和整改问题。

（4）加强设备维护和保养，确保设备正常运行。

（5）建立应急预案，定期进行应急演练，提高应急处置能力。

（6）在三氟化硼管线加装压力自调节阀，超出设定压力时自动截断。

案例3　聚合物加料器故障导致聚合工段停车

1. 故障经过

2022年3月4日13时，内蒙古某石化聚合装置聚合机检修完成后，班长组织人员进行聚合工序建立氮气循环工作，现场投放聚合物加料器、轴封氮气时，发现氮气阀门打开后流量计浮子不动作，误以为流量计损坏，未进行汇报。轴封氮气是保护设备和防止泄漏的重要操作。随后启动聚合物加料器确认运行无异常，系统进料后现场发现聚合物加料器填料处有黑色熔融料，立即汇报中控停聚合物加料器及研磨干燥设备，保运来人检修聚合物加料器时，发现聚合物加料器轴封氮气管线末端被粉料堵死。

2. 故障原因

（1）由于聚合物加料器填料轴封氮气管线进粉堵死，造成轴封氮气失效，导致设备轴承进聚合物粉料，聚合物加料器长时间运行造成内部粉料熔融。

（2）现场操作工虽然正常投用氮封气，但没有认真确认管线是否畅通（轴封氮流量浮子不动作，认为表计假指示），使聚合物加料器轴封无氮气密封保护和冷却，导致填料熔融，设备损坏。

3. 处理措施

（1）巡检发现异常时立即停聚合物加料器，确认事故原因，防止事故扩大。

（2）设备改造：在氮气管线末端增加吹扫口，定期进行反吹防止堵塞。

（3）工艺整改：密封类氮气在停用时严格确认设备管道介质排空后再执行。

（4）联系检修人员对设备、轴封氮气进行疏通处理，对设备轴承进行检修更换。

案例 4 误操作导致氧含量高联锁停车

1. 故障经过

2022 年 3 月 4 日 18 时 54 分，西北某石化聚合装置主操李某记录报表时，发现 AISA–6231 氧气分析仪指标从正常的 0.12% 经过 5s 涨至 0.78%，聚合工段的氧气含量超过 2% 时会导致聚合工段联锁动作。随后联系仪表人员进行现场校准，由于仪表配备两位员工，一位在现场等待作业，另一位去办理联锁切除作业票。现场监护人对讲机听错以为联锁已经切除，随后通知现场仪表人员进行校正，1min 后研磨干燥氧含量高联锁动作，聚合机喂料、研磨、干燥系统全部停车，中控现场人员按照紧急停车处理系统。

2. 故障原因

（1）联锁管理失效：联锁切除作业票未完成，但现场人员误判联锁状态，提前进行校准。

（2）监护失职：监护人未执行“二次确认”制度，未核实联锁状态。

（3）作业票执行不严：未严格执行“先办票、再操作”的规定。

3. 处理措施

（1）现场立即打废料，防止稀料进入后系统。

（2）中控人员切除氧联锁并汇报班长、调度。

（3）仪表恢复氧联锁。

（4）人员恢复开车，全员进行通报学习，严格杜绝此类事故发生。

（5）严格执行“先办票、再操作”，并需中控、仪表、工艺三方签字确认联锁状态。

案例 5 聚甲醛装置 90℃水窜入甲醛储罐跳车

1. 故障经过

2025 年 2 月 19 日夜班 2 时 41 分，西北某化工聚合装置主操高某通知现场巡检人员王某停甲醛泵，随后用甲醛泵进口脱盐水冲洗甲醛泵及甲醛泵至甲醛换热器管线。主操高某看到微机显示流量，证明冲洗完成，同时联系现场王某关闭脱盐水进口阀及甲醛泵至 E-118B 现场手阀，当 B 线 P-111 泵出口浓度降至 10% 后，关闭一级浓缩至二级浓缩现场手阀，通过碱洗管线，一级浓缩 B 线开始转为自循环状态。

3 时 08 分主操高某通知现场巡检人员王某停甲醛泵，然后现场打开甲醛泵出口 90℃水，冲洗甲醛泵至甲醛换热器系统管线。打通 90℃水冲洗流程后微机主操反馈进口无流量显示，王某随即先关闭 90℃水阀门停止冲洗，通知当班班长一起查找原因，班长询问得知此时浓缩正在用 90℃水冲洗管线，然后让巡检人员关闭浓缩泵冲洗阀门，再打开甲醛泵出口 90℃水阀门。联系主控说显示流量变化，但是流量很小，同时联系现场人员关闭 90℃水阀门及甲醛泵至甲醛加热器现场手阀。B 线二级浓缩正式开始转为自循环状态。

2. 故障原因

（1）设备设施因素：90℃水进中间罐区压力过低。

（2）人员因素：现场、中控人员对于罐区 90℃水压力低的情况不了解，盲目操作，未联系工段长进行确认。

（3）管理系统因素：工段未辨识到 90℃水压力过低，进行冲洗作业的过程中存在风险，未对人员进行培训措施。

3. 处理措施

（1）中控发现甲醛泵进口冲洗 90℃水无流量后，立即通知现场确认原因。

（2）进口冲洗90℃水无流量后立即通知班长、工段长。

（3）现场人员立即和班长一起查看原因，班长先让史某关闭浓缩泵90℃水冲洗阀门，再重新打开甲醛泵出口90℃水阀门流量。

案例6　二氧戊环自动补料球阀故障导致聚合机停进料

1. 故障经过

2020年7月7日运行三队白班10时14分，江苏某化工企业聚合装置聚合反应机突然电流升高扭矩变大，岗位立即安排打废料检查，聚合机反应不好，有反应不好的料进入后系统导致撞击式研磨机电流大系统跳车。撞击式研磨机电流恢复正常重新投料开车，聚合机内物料不反应，调整过程中由于聚合机内物料不反应导致出口堵料。汇报班长、技术员后做系统处理：待聚合物干燥器粉料输送完后，岗位退氮气，联系保运人员拆机头大盖和聚合物进料混合器，三聚甲醛称量器打回流。11时30分聚合机机头大盖下线，岗位人员开始清理聚合机机头堵料，经过大约1.5h疏通清理，具备回装条件，14时30分聚合单元系统具备开车条件。

2. 故障原因

中控发现二氧戊环驱动命令波动无序，检查过程中发现二氧戊环净重缓慢上涨2.4kg/min，物料混合比例失调，聚合机反应不好，稀料进入后系统导致撞击式研磨机电流大系统跳车。

3. 处理措施

（1）仪表人员检修二氧戊环自动补料球阀。

（2）仪表人员将自动补料球阀建立台账，定期检查。

（3）聚合机电流波动立即打废料检查，如聚合机内物料不反应，通知中控停进料检查。

案例7　聚合物下料输送器堵塞

1. 故障经过

2019年1月22日，西南某炼化厂区聚合装置运行三队白班期间，10时21分电气人员完成聚合机电机主电路板更换，以1r/min的转速启动螺杆试机。试机正常后，10时25分停止聚合机螺杆运转，电气人员开始回装电路板设备外壳。现场确认挡板状态正常后，10时39分，聚合机开始挤料，螺杆转速设定为1r/min。启动螺杆后，现场确认有块料产出，中控人员随即缓慢提升转速。10时44分左右，再次巡检发现有熔融料产出，并对先前的块料进行清理。10时51分，停止聚合反应机螺杆运转，第一次挤料结束，现场清理熔融料。

11时03分，开始第二次挤料，同样将转速设定为1r/min启动螺杆，现场确认有熔融料产出。11时08分，现场人员巡检发现存在特别稀的熔融料，从挡板缝隙处掉入下料筒，随即向中控汇报，中控人员立即停止聚合机螺杆运转。经中控与现场确认，有特别稀的熔融料从机头两侧流入聚合机下料筒。中控人员立即向工艺技术员汇报，并请示拆除H621A下段盲法兰进行检查确认。

15时30分左右，盲法兰成功拆下，发现螺杆被熔融料抱死，清理工作难度较大。21时30分，检修人员拆除聚合机下料管并吊起，发现聚合物下料输送器入口处堆积有大量熔融料。

2. 故障原因

（1）聚合机BT2模式长达10h，易导致熔融料温度高、黏度低。

（2）现阶段下料口挡板只是由一块大小吻合的铁皮所制。由于没有专业的工器具，机头下料口还是不可避免地有缝隙存在。

（3）BT2模式启动后现场操作工只是定时出去巡检，特别稀的熔融料得不到及时清除。

（4）班长对BT2操作不够重视，未起到亲自监督提醒的作用。

3. 处理措施

（1）做专用的 BT2 模式挡板工器具。

（2）今后每次 BT2 时，只要准备启动螺杆现场就要有专人监护，直到螺杆停下后方可离人。

（3）发现有熔融料落到挡板上时，及时对挡板上的熔融料进行清理。

（4）在以后的 BT2 操作中，班长要亲自监督提醒岗位操作人员。

案例 8　聚合物进料混合器 90℃水未投用导致聚合机开车延误

1. 故障经过

2019 年 8 月 3 日 22 时，内蒙古某石化公司聚合装置由于单体工段三聚甲醛精制塔料位低，聚合机停车拆聚合物进料混合器时，聚合物进料混合器的 90℃夹套热水隔离不出，岗位人员将上水总阀关闭进行隔离，处理完毕后未将总阀打开投用，最终导致背压阀、入口短节堵塞，延误聚合机开车。

2. 故障原因

（1）拆聚合物进料混合器前，必须先将 90℃热水夹套隔离出来。由于聚合物进料混合器的 90℃夹套热水隔离阀内漏，岗位人员将 90℃水总阀关闭，但拆下 N611B 后未将总阀打开投用，也未汇报中控，中控岗位未记录，导致聚合物进料混合器背压阀、入口短节的夹套凉，管线堵。

（2）三聚甲醛的凝固点为 64℃左右，在没有夹套保温的状态下很快就会结晶凝固。

3. 处理措施

（1）拆卸堵塞管线进行清理，疏通后恢复原管线。

（2）更换背压阀90℃回水阀。

（3）现场每个操作都要向中控汇报，中控人员对现场开关的每一个阀门都要记录清楚并进行详细交接。

（4）班组长对于现场重要操作要亲自监督、确认。

（5）大检修或者长时间停车时，做阀门完好性台账，条件允许的情况下要进行试压。

案例9　粉料干燥器耙齿脱落导致系统停车

1. 故障经过

2023年9月30日12时54分，西北某石化企业聚合装置系统正常运行期间中控监控到粉料干燥器电流从正常的5.3A直接飙升到7.4A，立即联系现场人员进行查看。现场人员回复粉料干燥器声音异常，中控果断停粉料干燥器，停聚合进料系统并进行汇报。14时20分，班长联系检修人员进行检查确认，发现粉料干燥器底部耙齿脱落。

2. 故障原因

（1）耙齿和中轴的固定方式是2颗M16的螺栓以抱箍的形式进行固定，长时间运行可能造成螺栓松动。

（2）现场检查耙齿和底板的磨损情况，发现边缘处有磨痕，导致这种磨痕的原因应该是螺栓松动，并没有发现底板变形等异常情况。

（3）根据现场检查，上一层塔盘也存在松动问题，会导致塔盘间下料不稳定，导致底部耙齿工作时负荷忽大忽小。

3. 处理措施

（1）现场和中控人员通过精准的判断做出果断处理，防止事故扩大。

（2）检查所有耙齿的紧固情况，之前是单螺栓、单螺母进行固定的，现全部更换成单螺栓、双螺母固定。

（3）最底部的抱箍增加焊接工序，保证系统稳定运行。

（4）建立台账，其他同类型的干燥器停车后也做检查和加固。

案例 10　聚合机螺杆损坏

1. 故障经过

2018 年 12 月 1 日 12 时 05 分，内蒙古某石化企业聚合装置聚合机因电流振值波动大，现场查看粉料情况，铁屑料明显增多。中控人员汇报后系统被迫停车，15 时 20 分进行 BT2 操作，12 月 2 日 9 时进行螺杆拆除作业，螺杆拆除后检查螺杆磨损严重，最终更换新螺杆重新开工投料。

2. 故障原因

（1）螺杆使用寿命较长，有效使用时间达 78 个月。

（2）聚合机前阶段也有振动异常情况，但是频率不太高，近期振动电流波动较大，螺杆和螺块间隙变大，导致聚合振动频率高。

（3）聚合机运行时间长，螺块和螺杆上有结垢现象，导致反应热不能及时带走。

（4）BT2 操作手法激进，导致螺杆降温、升温速率过快，设备受热应力损坏。

3. 处理措施

（1）现场人员检查发现铁屑料增多后立即汇报、停车。

（2）通过更换新螺杆，重新组织人员进行生产。

（3）研讨 BT2 操作的弊端和可能损坏设备的步骤，进行编制下发学习。

（4）对系统出现波动时的应急操作进行修改，振动、联锁值重新进行审核和核定。

案例11　90℃夹套水内漏至三聚甲醛管线导致聚合机停车

1. 故障经过

2017年9月21日14时43分，宁夏某化工园区聚甲醛装置聚合机电流下降快，研磨机电流上涨快，中控立即联系现场人员打废料，中控查看聚合喂料器运行平稳无波动，现场人员回复聚合不反应，料特别稀。中控停进料后汇报班长，班长查看现场后汇报技术员和领导，最终决定分析取样进行故障排查。根据化验数据得知精三聚甲醛储槽至三聚甲醛称量器管线存在泄漏问题，现场人员对此管线进行排放打压确定90℃夹套水存在泄漏。最终检修人员通过下线处理恢复生产。

2. 故障原因

（1）通过查看管线探伤记录并未发现异常情况，且管道操作温度和压力也正常。

（2）拆解后发现工艺管线弯头处有沙眼，并且周围有腐蚀痕迹。

（3）经仔细确认发现安装后未彻底清洗打磨，旁边有残留焊渣引发电化学腐蚀。

3. 处理措施

（1）工艺人员发现问题果断停车并汇报，避免事故扩大。

（2）通知化验人员进行精准取样分析，快速查找出泄漏点位置。

（3）重新进行焊接和复位，并对系统进行置换。

（4）建立台账，大修期间对重要工艺管线进行探伤和检查。

案例 12　研磨下料输送器电机线接反导致开车延误

1. 故障经过

2019 年 12 月 8 日，山东某聚甲醛装置聚合工序停车后，电气人员更换研磨下料输送器电机，17 时 50 分左右更换完毕。18 时运行三队主操联系电器接线并对研磨下料输送器进行试机，18 时 15 分中控启动研磨下料输送器，同时电气人员在现场对电机转向进行确认，研磨下料输送器螺杆当时转向为顺时针，电气人员确认后回复转向正确。随后工艺人员停机对 R612A 做开车准备。22 时 40 分聚合机投料，聚合机反应正常后聚合物粉料切入后系统，22 时 43 分研磨下料输送器故障报警联锁研磨包单元跳车。现场对研磨下料输送器进行盘车确认，发现盘不动车，怀疑白班电机线接反。岗位人员立即去其他线进行对比，发现其他生产线螺杆的转向相反，正确方向为电机风扇顺时针转动，而螺杆为逆时针转动。由此推测研磨下料输送器故障是由于电机转向不正确。岗位人员立即联系电气人员对研磨下料输送器断电并进行倒线，倒线后对 1a 研磨下料输送器试机，运转正常。23 时 50 分聚合机再次投料开车，粉料切入后系统研磨下料输送器运行正常。

2. 故障原因

（1）电气人员在拆线时没有明确做出标识，电气人员将电机线接反，导致研磨下料输送器电机转向不正确，粉料不能及时送出去，致使研磨下料输送器电机过载跳车。

（2）由于设备上没有明确标识，工艺、设备、电气人员对研磨下料输送器电机螺杆运转方向不明确。

（3）管理层对设备的检修试车不够重视。

3. 处理措施

（1）聚合机现场打废料，清空内部聚合物。

（2）针对电机类设备检修设立台账和确认单（接线、油位、转向等参数）。

（3）设备检修需拆电源线时，电气人员一一对应做好标识。

（4）排查现场电机和螺杆转向缺失标识的设备，并统一标识，防止类似事件发生。

案例13　聚合机筒体水泵电磁阀故障

1. 故障经过

2020年10月15日21时13分，宁夏某石化企业聚甲醛装置运行四队夜班在聚合机投料开车后，发现聚合机筒体水温度与实际设定值偏差较大。若不及时处理，将导致聚合机各段筒体温度失控，影响聚合反应稳定性。经现场检查，确认问题根源为筒体水泵电磁阀开度响应滞后，无法及时调节水温。当班人员立即联系仪表部门进行紧急处理。

2. 故障原因

（1）仪表控制系统故障：电磁阀执行机构响应迟滞，导致阀门开度调节与温度信号不同步。可能由阀芯卡涩、定位器漂移或气源压力不稳所致。

（2）筒体水泵电磁阀线圈故障，无法正常控制筒体水温度。

（3）预防性维护不足：电磁阀未定期进行行程测试和润滑保养，机械部件磨损导致动作迟缓。

3. 处理措施

（1）立即启动手动调节模式，操作人员根据温度变化趋势手动干预电磁阀开度，暂时维持水温稳定。

（2）仪表人员对故障电磁阀进行紧急检修，检查并清理阀芯、校准定位器，确保气源压力稳定在 0.4~0.6MPa 范围内。

（3）组织对同类型电磁阀进行全面排查，更换 3 台存在类似隐患的阀门。

（4）通过以上措施，2h 内恢复自动控制，水温波动控制在 ±1℃范围内，保障聚合反应平稳运行。后续将电磁阀纳入关键设备点检清单，每月进行性能测试。

案例 14　聚合机冷却风机电机烧坏导致聚合机停车

1. 故障经过

2020 年 2 月 21 日 2 时，西北某石化聚甲醛装置运行二队夜班 R612B 出现空气压力低报警，中控立刻将聚合机冷却风机滤网取下一块，报警消除，3min 后再次出现空气压力低报警，聚合机喂料系统和螺杆停转，后经电仪人员检查发现聚合机冷却风机电机温度偏高，最终测定为电机烧坏导致主电机空气压力低联锁动作停车。

2. 故障原因

（1）电机长时间运行导致绕组过热或绝缘老化损坏，最终导致聚合机空气压力低联锁动作。

（2）聚合机冷却风机、风机入口滤网长时间未清理，导致风机电流一直处于高负荷运行状态。

（3）聚合机冷却风机滤网清理台账不完善。

（4）对冷却风机的监控欠缺，没有对风机进行电流、压力、温度实时监控。

3. 处理措施

（1）更换烧毁电机：电仪人员对聚合机冷却风机电机进行更换，检查新电机绝缘、轴承状态，确保安装合格。

（2）加强电机监控：在DCS系统中增加电机温度实时监测（设定报警阈值），并纳入巡检重点。

（3）将风机电流、风机出口压力信息进行DCS显示。

（4）建立滤网清理更换台账。

案例15 三聚甲醛称量器补料电磁阀泄漏

1. 故障经过

2018年1月26日16时10分，四川省某石化公司聚甲醛装置运行四队聚合主操王某在回岗位接班时发现三聚甲醛称量器补料气动阀阀杆处漏三聚甲醛，立即进行汇报，班长立即汇报技术人员，联系仪表人员检查补料阀，同时要求岗位减负荷运行，现场人员监护漏点，现场备好灭火器，防止泄漏至电伴热引起火灾。16时36分漏点增大，出现喷射性泄漏，岗位立即停车，同时单启二氧戊环计量泵冲洗管道5min。联系仪表人员更换补料气动阀，16时50分仪表人员现场更换补料气动阀，岗位人员监护并隔离气动阀上水和回水，18时10分气动阀更换结束。现场人员确认热水伴热投用正常，仪表风投用正常，现场人员联系中控单试气动阀动作正常，打开手动补料阀补料正常无泄漏，汇报技术员，现场人员确认开车条件，具备开车条件。18时23分聚合机投料开车。

2. 故障原因

（1）三聚甲醛称量器补料气动阀开关频繁，造成阀杆密封填料O形环损坏，从阀杆处泄漏三聚甲醛。

（2）长期运行中，阀杆受介质腐蚀或机械磨损，密封性能下降。

（3）未定期检查气动阀的密封状况，未能提前发现阀杆渗漏隐患。

3. 处理措施

（1）工艺人员汇报相关领导，减负荷，停进料，关闭补料阀前手动球阀，联系仪表维修人员更换阀门。

（2）现场接好泄漏的三聚甲醛，防止泄漏至出入口管线和放空管线的电加热带上发生火灾事故。

（3）停车更换阀门期间现场监护三聚甲醛计量泵及出入口管道、聚合物进料混合器的热水夹套，防止有冷点导致三聚甲醛堵塞管道。

（4）仪表人员更换阀门后及时投用夹套水，打开三聚甲醛称量器补料阀前手动球阀，确认无漏点后组织开车。

（5）选用耐腐蚀阀门材质，加强密封件定期更换，优化伴热系统监控，并制定更严格的泄漏应急预案。

案例 16　聚合机调整转速误操作导致聚合机停车

1. 故障经过

2020 年 10 月 28 日 7 时 50 分，山东省某聚甲醛装置运行四队夜班，班中聚合机进料压力持续波动，偶尔出现三聚甲醛计量泵压力高报情况，班中接技术员指令上调聚合机转速，截至 7 时 52 分聚合机转速为 46r/min，聚合机进料压力无明显改善。8 时技术员询问工况后要求岗位将转速加到 48r/min，岗位主操因为身体不适交由现场人员进行加转速工作，现场人员分 4 次调整转速，在第 3 次加转速时误将 47.5r/min 输入成 4.7r/min，导致聚合机进料因螺杆转速不匹配，喂料系统联锁跳车。现场人员打废料，汇报班长，中控人员因看到螺杆扭矩上涨到 80% 立即停螺杆，班长到达现场后汇报技术员采取 BT2 操作。

2. 故障原因

岗位人员调整螺杆转速，数据输入错误，导致聚合机进料因螺杆转速不匹配，喂料系统联锁跳车。

3. 处理措施

（1）现场及时确认设备状态，及时汇报相关领导。

（2）现场聚合机打废料，拆聚合物进料混合器，三聚甲醛计量泵打回流，待聚合物干燥器送完料，退系统氮气，拆机头大盖，聚合机打 BT2 操作。

（3）加强责任划分学习，重视一伸手防止误操作。

（4）非主操人员禁止私自操作，操作必须在主操监督下进行，主操离岗时由班长替岗。

（5）认真执行汇报制度，学习二次确认制度，履行好班组工作程序，杜绝类似事故发生。

案例 17　聚合机机头堵料引起跳车

1. 故障经过

2019 年 2 月 10 日 3 时 33 分，新疆某聚甲醛装置运行三队夜班聚合机螺杆扭矩突然预报警，7s 后机头压力高报，主操发现此时聚合机转速开始下降直至为零，最后导致聚合机喂料系统跳车，立即汇报班长和运行经理。3 时 40 分现场检查废料挡板发现不能动作，机头内有料。现场拆聚合物进料混合器，开始三聚甲醛计量泵打回流。联系保运人员拆机头大盖，拆开后发现下料管线内也有积料，后联系保运人员拆下聚合物下料输送器端头盖，检查确认下料管中间架桥，最后岗位人员于 8 时 30 分将下料线内的料全部清理干净，并将清理出来的硬料拍照留样，见图 4–1。

图 4-1 聚合机机头堵料示例

2. 故障原因

（1）聚合机在运行过程中由于工况的波动，使得反应差，粉料品质差，最后部分料在聚合机下料口结团成块，时间长后随着重量增加或给予其他力后坠落，导致将下料管线架桥堵塞。

（2）可能由于聚合机气封处长时间漏粉，导致堆积，加上螺杆的长时间的磨擦产生硬块料，最后掉落架桥。

（3）岗位人员没有第一时间发现扭矩的变化，未能及时停车。

3. 处理措施

（1）班中要常观察设备运行情况，以及粉料的品质，及时调整工况，严格执行部门操作指令，班中查看粉料品质。

（2）现场漏点、问题要及时处理，防止对工况产生影响。

（3）主操应该时刻保持警惕，对工况的变化要在第一时间内发现并做出相应的处理。

（4）加强班组人员紧急预案、事故事件处理的学习。

（5）修改撞击式研磨机电流低报警值，以预判聚合物下料输送器架桥堵料现象。

案例 18　氮气排风机叶轮损坏故障导致聚合机停车

1. 故障经过

2020 年 8 月 20 日，北方某联合化工有限公司聚甲醛装置聚合车间运行三队白班，14 时 30 分造粒岗位外操宋某巡检发现现场气味特别呛，随即对聚合、造粒现场进行排查，发现氮气排风机振动异常，风机轴封气味刺鼻，立即汇报班长王某及相关技术人员李某。班长组织外操宋某，对氮气排风机进行排查，看是否存在泄漏点，经现场确认氮气排风机叶轮侧轴承损坏，气封环组损坏，导致气体泄漏，需紧急停车处理。汇报部门领导后于 14 时 45 分聚合机开始减负荷停车，检修氮气排风机。

2. 故障原因

（1）轴承为之前替换下的旧轴承，使用前只是对轴承进行清洗、加注润滑脂，由于轴承是整体集装式，内部磨损情况不容易判断，在运行中出现轴承损坏。

（2）损坏的轴承，轴晃动大，气封座与轴的单边间隙为 0.15mm，气封座与轴的摩擦，造成轴的局部损坏，气封碳环损坏。

3. 处理措施

（1）发现现场呛立即排查漏点，迅速定位泄漏位置。

（2）发现异常立即汇报，并紧急停聚合机喂料系统，中控按短期停车紧急处理。

（3）联系设备人员制定检修方案，进行检查维修。

案例 19　撞击式研磨机筛网破损造成聚合机停车

1. 故障经过

2024 年 6 月 5 日 10 时 15 分，西北某聚甲醛装置中控操作人员发现撞击式研磨机电流从正常的 90A 经过 1.5h 后缓慢降至 70A，氮气引风机的风量由正常的 5300Nm³/h 降至 4800Nm³/h。班长组织人员现场查找原因，经检查安全过滤器工作正常，从研磨下料输送器处取样和其他线做对比发现异常，粉料颗粒度明显变大，班长汇报后系统进行停车检查。12 时 20 分系统停车，检修人员拆检确认筛网有破损区域，随即进行更换。

2. 故障原因

（1）撞击式研磨机筛网破损，导致粗颗粒物料直接进入下游系统。经检测，破损边缘呈现疲劳断裂特征，表明筛网已长期处于超负荷工作状态。

（2）筛网使用寿命超过厂家推荐的 8000h（实际使用达 9200h，未执行强制更换制度）。

（3）设备预防性维护体系存在漏洞，关键部件寿命管理未实现数字化，异常工况响应机制不完善。

3. 处理措施

（1）发现异常立即进行排查，精准确定故障点并有明确检修计划。

（2）立即建立筛网强制更换制度（每运行 7500h 或 12 个月，以先到为准，在 DCS 系统增设寿命计时报警功能）。

（3）编制《研磨系统异常处置卡》，明确电流异常下降时的四步检查法（查筛网→查喂料→查风机→查过滤器）。

案例 20　甲缩醛给料泵流量高驱动命令低联锁事故

1. 故障经过

2020年6月20日，南方某化工生产企业聚甲醛生产装置聚合车间运行四班白班13时15分，聚合机在正常运行过程中，中控主操郝某发现甲缩醛给料泵流量高，驱动命令偏低报警，触发喂料系统低联锁跳车，现场做紧急停车处理，停聚合机进料（三聚甲醛、二氧戊环、甲缩醛、催化剂），主电机停车，同时汇报分管技术员李某，值班技术员屈某现场确认后于13时58分重新投料正常。

2. 故障原因

（1）近期甲缩醛给料泵入口短节内经常积气，导致流量驱动命令不稳定。

（2）甲缩醛称量器称重控制系统有干扰，导致加入聚合机的甲缩醛量不稳定。

（3）甲缩醛称量器称重控制系统存在隐患，传感信号灵敏度低。

3. 处理措施

（1）岗位人员加强巡检，发现甲缩醛给料泵入口短节积气，联系中控人员打体积模式，现场将短节内气体排出，避免干扰。

（2）利用系统停车机会，工艺、电仪人员排查原因。

（3）岗位人员对于物料管线加强巡检，及时发现及时处理。

（4）遇到不明原因跳车，操作工必须汇报班长及主管技术员并且第一时间按指令或操作规程作停车处理，决不允许私自消除跳车报警。

案例 21 聚合机螺杆水电磁阀线圈烧毁导致聚合机停车事故

1. 故障经过

2020 年 3 月 22 日，西南某化工集团公司，聚甲醛装置聚合车间运行三班中班，接班时中控主操梁某发现聚合机螺杆水电磁阀阀位开至 100%，螺杆水温度升高，及时联系外操人员郭某至现场确认电磁阀运转情况。19 时 40 分现场人员回复电磁阀漏水；19 时 53 分岗位主操汇报班长王某，联系仪表值班技术员丁某进行电磁阀检查维修；20 时 10 分电仪人员到岗后，岗位人员现场对聚合反应机螺杆水电磁阀隔离，仪表人员初步检查判断电磁阀内漏，找备件更换电磁阀本体。20 时 30 分电磁阀本体更换完毕，联系中控调试螺杆水程控阀是否动作，中控对电磁阀调试 2 次后现场仍未动作，同时在调试过程中电磁阀线圈突然冒烟发生短路现象，导致聚合机 PLC 空开跳闸失电，聚合机喂料系统螺杆失电跳车。

2. 故障原因

由于螺杆水程控阀检漏孔堵塞，阀体内漏后，水进入气缸，使控制程控阀气源的电磁阀的线圈进水短路，造成聚合机 PLC 空开跳闸失电，聚合机喂料系统跳车。

3. 处理措施

（1）电仪部应下发检查电磁阀操作规范和注意事项。

（2）电仪部更换螺杆程控阀密封形式和材料，要对程控阀改造工艺进行技术交底，加强工艺巡检对程控阀的辨识度。

（3）电仪人员检修电器元件时，工艺人员监护并且在票证上注明风险点及消减措施，由片区班长或大班长负责完成并签字确认。

（4）对关键部位的程控阀检修，工艺技术员应对现场监护以及班长进行风险交底，提升工艺监护能力。

案例22　氮气引风机叶轮损坏故障导致聚合机停车

1. 故障经过

2024年11月17日15时43分，西北某石化装置聚甲醛工段运行三班白班接班时，操作人员发现氮气引风机风机振动值偏高（8.2mm/s，正常值≤4.5mm/s）。主操王某立即汇报班长，并联系设备人员检查。设备人员初步判断可能为叶轮积灰或动平衡问题，建议继续观察运行情况，同时安排振动监测。9点30分左右，风机振动值持续上升至9.5mm/s，班长决定停机检查。停机后，设备人员打开风机壳体检查，发现叶轮存在严重磨损和局部断裂，其中3片叶片出现裂纹，1片叶片断裂脱落，导致叶轮动平衡破坏，引发剧烈振动。

2. 故障原因

（1）叶轮长期在高转速、高温工况下运行，金属材料因交变应力产生疲劳裂纹，最终导致叶片断裂。

（2）工艺气体中含有微量腐蚀性成分（如甲醛、水分），长期侵蚀叶轮表面，造成材料强度下降。

（3）气体中可能携带固体颗粒（如催化剂粉尘），对叶片表面造成冲蚀磨损，加剧疲劳损伤。

（4）叶轮积灰或局部腐蚀导致质量分布不均，动平衡逐渐恶化，引发振动加剧。

3. 处理措施

（1）对损坏叶轮进行更换，并对新叶轮进行动平衡测试，确保安装精度。

（2）规范巡检制度，将风机振动、温度等参数纳入重点监控项，发现异常立即上报。

（3）振值上涨较快时，果断停机进行检修。

案例 23　仪表空气故障导致聚合机喂料系统跳车事故

1. 故障经过

2020 年 1 月 16 日，北方某新材料科技有限公司聚甲醛生产装置聚合车间运行丙班白班，保运人员在回装聚合物进料混合器时，由于踩踏位置不在踏板重心上，失误将架子上的铁板踩翻坠落到仪表空气管线上，导致仪表空气管线接头断裂，联锁导致聚合机计量系统跳车。见图 4–2。

图 4–2　聚合机喂料系统跳车示例

班长邵某立即关闭聚合机仪表空气总阀，通知现场人员把研磨干燥吸收塔顶部、中部喷淋切换旁路运行，汇报技术员郭某及相关领导后联系保运对仪表空气管线进行修复。

2. 故障原因

（1）踏板一端虽与支架点焊，但年久失修焊点已脱开（没人关注），另一端在聚合机护罩支架上搭置，由于和聚合机本体相连接，没有进行点焊。

（2）保运人员风险意识不高，在回装聚合物进料混合器时，岗位人员未有效对保运人员做安全交底。

（3）检修作业前，未对检修人员及监护人员进行安全教育、安全交底、方案审核，没有进行全程监控和监管。

（4）岗位人员未起到提醒和监护作用。

3. 处理措施

（1）现场打废料，用二氧戊环冲洗聚合物进料混合器，防止短时间停车被三聚甲醛结晶堵塞管道，清理聚合机内聚合物。

（2）汇报当班领导及相关技术人员进行事故分析。

（3）当班班长联系仪表人员，在维保人员的配合下对仪表空气管线进行修复。

（4）重新审核下发检修方案，以后遇上类似情况时，使用固定步梯或搭建标准活动架。

案例 24　聚合机不明原因跳车事故

1. 故障经过

2019 年 4 月 12 日，西南某新能源化工企业聚甲醛装置聚合车间运行四班白班，接车间安全员孙某指令，启动装置高压生消水泵，建立消防水系统；10 时进行高压生消水试漏，10 时 30 分岗位人员发现空气鼓风机厂房西侧外跨平台上方漏水，现场人员处理地面积水，12 时 15 分聚合机无报警跳车，中控主操单某立即汇报班长邵某、技术员关某、部门领导王某。联系仪表、电气人员在 DCS 后台控制柜排查原因，显示聚合机电磁阀线圈电路发生短路，造成聚合机联锁停车，技术员关某随即汇报部门领导王某，安排聚合机 BT2 模式。

2. 故障原因

聚合 C 线高压生消水试漏，发现空气鼓风机厂房西侧外跨平台上方漏水，水流顺势进入聚合机厂房，导致聚合机螺杆水电磁阀线圈进水，发生短路引起聚合机跳车。

3. 处理措施

（1）立即汇报相关人员，做事故分析，安排应急处置方案。

（2）班长组织维保人员消除聚合 A 线高压生消水漏点，清理地面积水，避免引起其他用电设备因此联锁停车。

（3）联系仪表电气人员排查系统其他电仪问题。

（4）技术员组织维保人员拆聚合物进料混合器，清理废料，做开车准备，三聚甲醛称量器打回流。

第五章

聚合装置造粒脱除单元故障案例

案例 1　空气过滤器电磁阀膜片被击穿导致聚合机停车

1. 故障经过

2021 年 2 月 12 日 13 时 23 分，内蒙古某化工企业聚合生产线在正常生产期间，操作人员发现粒料输送器发出料位高报警指示，粒料干燥系统的过滤器反吹空气为零，工况系统压力高，导致聚合机因氧含量高联锁停车，造粒机因无法送料被迫停车处理。岗位人员及时联系公用工程询问工厂空气波动的原因，公用工程检查发现管网空气压力正常。随后聚合人员自行检查本工段空气压力，发现只有 1# 粒料输送器以及空气过滤器的气源压力低，并且发现一个反吹电磁阀无法关闭，处于常开状态，导致系统压力高，而聚合系统的总放空 3# 尾气吸收塔塔顶放空阀逻辑关系反并且投在自动状态，使聚合机因氧含量超标跳车，造粒机被迫停车。

2. 故障原因

检查发现空气过滤器的反吹电磁阀的其中一个电磁阀膜片被击穿，导致这个电磁阀处于常开状态，大量的空气随着电磁阀进入系统中，导致聚合系统超压，聚合系统的总放空阀逻辑关系反，并且设在自动状态，而操作人员并没有发现此阀逻辑关系反。系统里的空气压力比氮气压力高，大量的空气串入聚合氮气循环系统中，使氮气循环系统中的氧含量超标，聚合机跳车。

3. 处理措施

（1）严格执行巡回检查制度，加强巡检，在发现系统超压时应该及时汇报，并做相应的处理。

（2）操作人员操作失误，不认真，没有发现聚合系统的总放空阀逻辑关系反。

（3）操作人员在以后的操作中要认真负责，逐渐地熟悉现场的设备以及管道。

（4）在以后的生产中若发生类似的事故，操作人员应该及时地检查并隔离出泄漏的阀门或设备，并汇报当班班长，由班长联系仪表、电气以及检修人员做处理，汇报上一级。

（5）现场切断工艺物料，电仪人员更换反吹电磁阀后逐步恢复生产。

案例 2　造粒脱气反应机真空管线堵塞

1. 故障经过

2017 年 7 月 29 日 6 时，乌海某石化企业聚合装置岗位巡检人员发现造粒厂房甲醛气味重，排查发现真空管夹套管冷凝液侧阀门已打开，但夹套蒸汽进气阀未投用；工艺排查真空吸收塔塔底温度 TI–6608 比正常降低 2℃，而且真空管夹套球阀温度低。综上判断真空管夹套球阀及进出口管线由于温度低甲醛结晶造成管线堵塞，运行一队于 7 月 29 日 15 时 50 分停造粒机清理真空口、真空管线及阀门，具体堵塞情况如图 5–1 所示。

图 5-1　堵塞情况

2. 故障原因

（1）真空管线夹套蒸汽的投用与隔离为造粒机开停车确认项，经查 2020 年 7 月 3 日运行三队白班 18 时 55 分按计划造粒脱气反应机投料开车，对确认项已逐项填写，但确认内容不实。

（2）三级确认工作未做实做细，再确认未严格执行开车确认单确认内容，造成真空管线夹套蒸汽未投用。

（3）在近一个月的运行中，巡回检查未发现阀门未投用，电子巡检未达到巡检目的。

（4）工艺指标 FRA-6605 及 TI-6608 偏离，未及时进行确认及调整。

3. 处理措施

（1）严格执行开车确认单确认内容，加强三级确认管理，对确认内容负责。

（2）造粒机开车后，增加接班班组再确认项。

（3）下发事故事件，加强学习引以为戒。

（4）加强岗位技能培训，掌握开停车关键操作内容及作用，加强对工艺指标的学习。

（5）严格执行巡回检查内容，每次巡检途中，检查真空口夹套是否正常。

案例 3　造粒脱气反应机切粒水压力低联锁停车

1. 故障经过

2021 年 1 月 17 日，包头某化工企业聚合装置运行三队夜班 5 时 18 分造粒脱气反应机切粒水压力低报警，现场人员与班长李某立即到现场查看切粒水槽滤网，中控张某发现造粒机螺杆跳车但是切粒刀未停车喂料系统也未停车。中控马上破除真空系统、手动停喂料系统，并及时通知现场人员和班长李某切粒刀未停不能打开切粒腔，现场人员在切粒水泵未停的情况下提切粒水槽滤网无阻力，提起来后发现滤网无异物。放进滤网观察切粒水压力表，显示 1bar 左右。

2. 故障原因

（1）切粒水泵长时间运行会在切粒水槽底部积攒很多碎屑料，导致小滤网碎屑或水槽漂浮泡沫堵塞小滤网，现场巡检未及时清理。

（2）一些小颗粒的碎屑料会长时间积存在压力表导管内部导致堵塞，压力表显示不正常，严重的时候甚至已经停车，切粒水压力还显示为正常值。

3. 处理措施

（1）切粒水联锁是保护造粒机和切粒电机的重要联锁，切粒水可以保证造粒机出来的熔融料得到有效处理，并及时带走熔融料的热量。

（2）中控定期观察粒料的时候关注切粒水槽的滤网情况。

（3）现场操作工每小时巡检时必须清理现场滤网。

（4）联系仪表人员对切粒水压力低联锁进行改造，增加报警值。

（5）班长加强现场巡检，定期清理切粒水槽的沉积物料。

（6）在切粒水压力低联锁正常情况下螺杆和喂料系统都会停止，对于这种未停车的联锁，停车后要及时进行检查和测试。

案例4　气力输送器故障导致造粒机被迫停车

1. 故障经过

2019年3月11日17时，西北某石化企业聚合装置现场做开车准备工作，启动气力输送器，当时系统没有物料，所有电磁阀门处于待机状态，现场显示正常。中控显示工作状态，17时50分造粒脱气反应机开始投料打废料，18时45分粒料合格，现场将废料挡板切后系统运行。19时20分现场巡检S653A漏料，开始查找原因并汇报中控、班长，19时30分检查气力输送器满料位报警，现场打废料降负荷处理，19时43分R651A（造粒脱气反应机）被迫停车，19时55分联系仪表电气人员处理H652A，22时30分再次组织开车。

2. 故障原因

（1）经电仪人员排查确定，H652A粒料发送器排气阀故障导致无法下料输送粒料。

（2）排气阀外部阀芯粉尘积存多导致卡涩。

（3）排气阀是一个两位阀，且动作频率很高，继电器长时间工作导致损坏。

3. 处理措施

（1）现场排查故障原因，加强巡检，如发现异常及时排查汇报。

（2）投料前发送器类设备用相应物料试车，确保一次成功。

（3）发现问题及时上报，果断处理，防止异常事件扩大。

（4）联系仪表人员排查处理。

案例 5　2# 粒料输送器送料不畅

1. 故障经过

2023 年 3 月 30 日 22 时 45 分，华中某化工基地聚合装置运行四队夜班，中控主操发现 2# 粒料输送器压力高报警，随后立即让现场人员确认。经现场人员检查确认回复 2# 粒料输送器不送料，缓冲罐满料位，中控人员立即关闭 1# 聚合物给料器，同时降低粒料干燥器的温度，随后汇报班长，联系仪表人员处理，仪表人员回复 2# 粒料输送器补压阀故障需要更换。0 时 10 分处理完毕 2# 粒料输送器冲压阀，试车正常后，中控人员开 1# 聚合物给料器，开始向后系统送料。

2. 故障原因

（1）2# 粒料输送器冲压阀是一个两位阀，长时间的开关导致阀体和阀套磨损严重。

（2）冲压阀属于铸铁材质阀门，使用年限久会造成不可逆的损坏，而且无法维修。

3. 处理措施

（1）经现场检查确认故障点并进行汇报，联系仪表人员进行更换处理。

（2）更换 316 材质的阀门。

（3）针对平时高频率使用的阀门在停车后应拆检，确保运行中万无一失。

案例 6　造粒机喂料系统空气开关故障导致停车

1. 故障经过

2021 年 8 月 30 日 12 时 25 分，乌鲁木齐某聚合装置系统在正常的运行过程中中控贾某发现 PU647A（造粒机喂料系统）黑屏，造粒机电流下降，聚合物粉料称量器、稳定剂称量器、聚合物稳定混合器停止运行，随后造粒系统立即破除真空，做短停处理，然后立即汇报班长。联系电气仪表人员进行检查并汇报相关领导，电仪人员检查结果为 24V 空气开关跳闸。随后仪表人员更换配件，19 时 20 分检修完毕系统再次投料开车。

2. 故障原因

（1）PU647A 的 24V 控制电路空气开关跳闸，导致该单元失电，引发黑屏、设备停运。

（2）夏季控制室温度较高，机电柜长时间未清理风机滤网导致通风差影响散热。

（3）该空气开关已使用 12 年以上，触点氧化、弹簧弹性下降，导致热稳定性降低，在散热不良时更易触发保护机制。

3. 处理措施

（1）装置中控人员立即汇报并进行短期停车处理，防止出现衍生事故。

（2）延长空气开关的使用寿命。

①选择品牌产品（如正泰、德力西、西门子等），避免使用劣质空气开关。

②避免超负荷运行，留出 20%~30% 余量。

③保持干燥、通风的安装环境。组织现场人员打废料做短停处理。

案例 7　造粒脱气反应机油泵过流导致系统停车

1. 故障经过

2021 年 9 月 15 日，乌海市某聚甲醛装置运行一队白班正常运行期间，12 时

10 分 R651B 润滑油泵电流过载跳车，随后造粒工序做短期停车处理。中控人员立即汇报班长，联系电气仪表人员检查故障原因，油泵系统近阶段运行正常，现场过滤器压差正常，经电仪人员检查确认结果为油泵空气开关跳闸。经检测空气开关已经不具备再次使用的条件，随后找配件进行更换，系统再次投料。

2. 故障原因

（1）主要原因是润滑油泵空气开关故障跳闸。

（2）空气开关选型符合设计要求，但使用年限较长导致老化。

3. 处理措施

（1）中控按短期停车处理，组织现场人员打废料。

（2）立即联系电气人员检查故障原因，并及时处理。

（3）将此事项加入停车排查项，有计划地进行排查更换。

案例 8　造粒脱气反应机切粒刀缠刀联锁跳车

1. 故障经过

2019 年 11 月 28 日 8 时 43 分，河南某石化企业聚甲醛装置运行一队白班接班时，W642B（添加剂称量器）因外部通道失败报警跳车，联系仪表人员检查，经过检查发现 W642B 控制模块保险烧坏需更换，随即岗位破真空，减负荷，现场打废料。待仪表人员处理正常后启动 W642B。4min 后切粒电机驱动故障报警，R651B（造粒脱气反应机）联锁跳车，现场人员立即打开切粒腔，发现已经缠刀严重，岗位人员作停车处理，清理切粒腔内积料。处理完成后，岗位人员查看模头正常，更换切刀后，10 时 48 分投料开车正常。具体见图 5-2。

图 5–2　切粒刀缠刀示例

2. 故障原因

（1）W642B 跳车后，岗位未按照正常的短期停车操作程序执行，而是现场打废料。

（2）W642B 跳车后，造粒机内的熔融料无添加剂造成料发稀粘连切刀，当 W642B 启动后切刀无法正常工作导致缠刀。

3. 处理措施

（1）当 W642B 停止运行时，岗位要立即执行短期停车预案，破真空。

（2）下发操作指令：W642B 跳车时应停下全部进料系统，同时停造粒机，打开切粒腔作停车处理。

案例 9　造粒脱气反应机第 16 段电加热带烧坏

1. 故障经过

2020 年 10 月 2 日 17 时 33 分，石嘴山市某聚甲醛装置运行一队中控人员发现 R651A（造粒脱气反应机）第 16 段电加热工作异常，设定温度 220℃，实际温度只有 214℃。现场检查筒体冷却水运行正常，联系电气人员检查第 16 段温度，汇报班长及值班领导后将 R651A 第 15、17 段温度升高 3℃，防止模头堵塞。经电气人员检查发现第 16 段电加热烧断，碰到附近金属后过流引起保险损坏。电气人员现场接线、更换保险完毕后，温度恢复正常。

2. 故障原因

（1）电加热元件老化：长期高温运行导致电阻丝脆化断裂，触碰筒体金属引发短路。

（2）绝缘失效：加热棒绝缘层破损，导致短路电流增大，保险熔断保护。

（3）电加热元件寿命管理不足，缺乏实时监测手段。

3. 处理措施

（1）电气人员立即切断故障段电源，更换烧断的电加热丝及熔断保险，恢复第 16 段正常加热功能。

（2）中控人员临时提高相邻第 15、17 段温度 3℃，确保物料流动性，避免模头堵塞风险。

（3）制定电加热元件定期检测计划，每 3 个月测量电阻值及绝缘性能，提前更换老化部件。

案例 10　空气加热器调节阀定位器故障

1. 故障经过

2020 年 11 月 18 日 9 时 40 分，鄂尔多斯某聚甲醛装置运行一队白班化验报样 SP-6503 粒料发黄，中控人员汇报班长、技术员，岗位人员将 H654（2# 粒料输送罐）切至次品罐运行。现场排查原因发现 TRCA-6504（空气加热器调节阀）

现场阀位为 90%，中控阀位为 40%，经中控现场阀位对照发现 TRCA–6504 中控开到 50%，现场阀位涨至 100%，联系仪表人员处理，经仪表人员确认为定位器损坏，需更换，通过仪表人员检修更换后系统恢复正常。

2. 故障原因

（1）定位器损坏：TRC–6504 调节阀定位器信号传输故障，导致中控阀位 40% 与现场实际阀位 90%，严重不符，造成温度控制失效。

（2）因阀门开度异常，导致反应温度 TRCA–6504 偏离设定值，物料局部过热或反应不充分，引发聚甲醛降解或杂质生成，最终表现为粒料发黄。

3. 处理措施

（1）立即切换生产流程：将 2# 粒料输送器系统切至次品罐运行，避免不合格产品进入正品系统。

（2）手动干预控制：对 TRC–6504 调节阀实施现场手动控制，维持基本工艺参数稳定。

（3）更换 TRC–6504 故障定位器。

（4）重新校准阀门开度，确保中控显示与现场实际位置一致。

案例 11　圆筒振动筛电机过流导致造粒机停车故障

1. 故障经过

2020 年 2 月 19 日 2 时 44 分，四川省某聚甲醛装置化工四班夜班在系统正常运行中圆筒振动筛电流过载跳车，主操立即对造粒机进行短期停车处理，现场查看后回复后系统运行正常，圆筒振动筛碎屑桶正常，无堆积料产生。联系电仪人员到现场检查，发现圆筒振动筛电机线在穿线孔处磨损断裂，导致电源线和设备接触，最终导致短路过流造粒机停车。4 时 21 分电仪恢复正常，造粒岗位逐步恢复生产。具体见图 5–3。

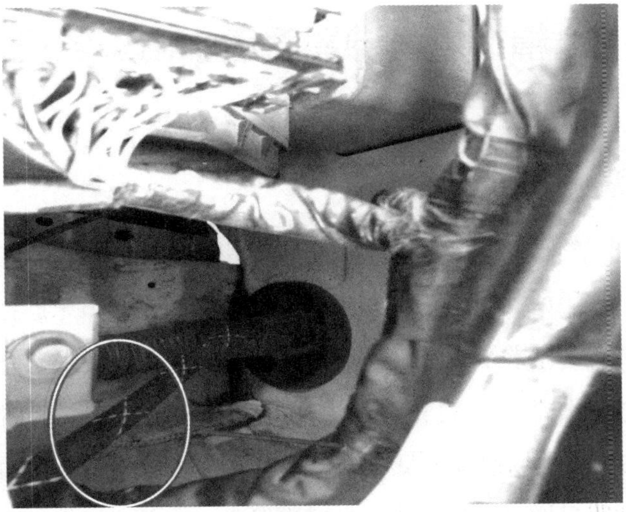

图 5–3　造粒机停车示例

2. 故障原因

（1）由于长期振动，圆筒振动筛电机线与穿线管管口磨损接地，振动群组跳车，最终导致造粒机停车。

（2）设计不合理，穿线孔小，使得电机线在振动情况下与穿线孔四周没有足够的余量，长时间摩擦导致故障。

（3）维护疏漏：现场振动或高温加速线缆老化，未定期检查线缆磨损情况，未能提前发现隐患。

3. 处理措施

（1）定期开展电气设备专项检查，提升隐患识别能力。

（2）工艺及时清理筛分粒料和碎屑，防止圆筒振动筛超负荷运行。

（3）电气人员在圆筒振动筛电机线与设备开口易磨损处多增加一些柔软可起缓冲作用材料，并对重要电机线定期检查，对松动的电机线和破损的线及时处理，及时更换。

案例 12　精馏塔再沸器暖塔水击导致设备损坏

1. 故障经过

2023 年 8 月 23 日 11 时 34 分，华北某聚甲醛装置运行二班在进行聚合三聚回收塔再沸器三聚甲醛回收塔再沸器暖塔开车时，操作人员未严格按照操作规程执行暖管排水操作，直接将蒸汽进口阀开至 1/2。由于冷凝水未充分排出，大量液态水积存在换热器壳程。12 时 5 分，中控人员发现聚合三聚回收塔塔底温度急速上涨至 105℃。现场巡检人员听到换热器内部传出剧烈金属撞击声，同时发现设备本体振动明显增强，顶部法兰有蒸汽泄漏，立即汇报班长。班长下令关闭蒸汽进口阀，并打开疏水阀排水。最后联系检修人员紧固法兰螺栓，投用蒸汽后依然有泄漏，最终进行垫片更换。具体见图 5–4。

图 5–4　暖塔水击设备损坏示例

2. 故障原因

（1）操作人员未执行暖管操作，蒸汽快速进入冷态换热器，与积存冷凝水混合引发水击。

（2）操作规程培训不足，员工对水击风险缺乏认知。

（3）疏水器疏水能力下降未能及时更换，未能起到有效的快速排水作用。

3. 处理措施

（1）班长下令关闭蒸汽进口阀，并打开疏水阀排水。

（2）联系检修人员对设备进行维修。

（3）开展水击危害专项培训，提升操作人员风险识别能力。

（4）将疏水阀维护纳入预防性检修计划，每季度检查排水性能。

案例 13　精馏塔蒸汽阀门故障导致联锁动作

1. 故障经过

2020 年 8 月 14 日 1 时 10 分，新疆某聚甲醛装置运行三队夜班，中控主操监控到 FRC-6703（精馏塔再沸器蒸汽流量阀）流量突然降至 0 t/h，FV-6703 阀位开至 60%，聚合三聚回收塔塔底压力 PISA-6703/6704 瞬间升高并高出联锁值 40kPa，导致 IS-701 蒸汽联锁动作，自动关闭 FV-6703 调节阀，导致三聚甲醛回收塔塔底温度迅速下降。岗位人员手动调小 FV-6702、FV-6707、LV-6701 阀位，减少未蒸馏的稀甲醛溶液进入 V323，造成甲醛浓缩单元工况波动，同时立即联系仪表人员检查流量计，岗位人员恢复联锁 IS-701，现场进行疏水投用聚合三聚回收塔再沸器蒸汽，手动控制 FV-6703 蒸汽阀位，调整三聚甲醛回收塔塔盘灵敏板温度至 97.5℃。

2. 故障原因

FRC-6703（精馏塔再沸器蒸汽流量阀）流量计现场显示屏内有水导致流量计接线端短路，FRC-6703 流量计无流量显示，调节阀自动跟踪开大阀位至

60%，导致聚合三聚回收塔塔底压力高于联锁值 40kPa，IS-701 蒸汽联锁。

3. 处理措施

（1）汇报班长，及时联系仪表人员现场排查原因。

（2）立即复位 IS-701 联锁，现场聚合三聚回收塔再沸器疏水投用蒸汽，打手动控制 FV-6703 阀位，维持聚合三聚回收塔塔压力，控制精馏塔灵敏板温度 TRCA-6705 不得低于 97.5℃，防止塔底三聚甲醛含量超标，送至甲醛浓缩单元对加压蒸馏塔造成波动。

（3）岗位主操加强巡盘，发现异常及时处理，避免因发现不及时造成事故扩大化。

（4）把事故事件处理的学习落到实处，提高岗位人员对突发事件的处理能力，提高主操对工况的应急调整能力，防止发生指标超标事故。

案例 14　聚合物粉料称量器外部通道失败事故

1. 故障经过

2019 年 3 月 22 日，北方某化工园区新材料化工企业聚甲醛装置聚合车间运行三班中班，21 时 25 分聚合单元聚合物粉料称量器 W641B 报警显示外部通道失败，主操侯某按照操作指令破真空，汇报班长张某做短期停车，联系电气人员排查原因，并汇报值班领导。电机在长时间运行时产生的热量导致碳刷热膨胀磨损严重，更换备用碳刷后于 23 时 10 分投料开车。

2. 故障原因

W641B 碳刷磨损严重，导致电机不运转，碳刷是设备中常见的耗材，具体原因如下：

（1）电机运行时产生的热量，会导致碳刷材料的热膨胀和收缩，进而磨损和掉落。

（2）低质量的碳刷可能会在短时间内摩擦过多，产生磨损现象。

（3）运转过程中灰尘等外界因素对碳刷的侵蚀，也是碳刷磨损的主要原因之一。

3. 处理措施

（1）汇报班长、主管技术员及值班领导，进行事故分析，制定应急处理预案。

（2）摸索碳刷使用周期，定期更换，定期检查碳刷片的磨损情况，及时更换磨损的碳刷。

（3）造粒机按短期停车操作作停车处理。

（4）清洗设备，防止灰尘沉积。

（5）不要长时间高功率运转电机。使用优质的碳刷材料，并及时更换老化、磨损严重的碳刷。

（6）避免过度使用或频繁调整碳刷位置，防止电机异常振动，导致磨损加剧。

案例 15　包装换向阀气源管断开事故

1. 故障经过

2020 年 7 月 22 日，北方某新材料化工科技有限公司，聚甲醛部门包装车间运行四班白班，11 时 40 分外操何某现场巡检发现粒料储罐换向阀的气源管脱开，阀门因在事故状态下失气关闭，粒料无法正常传送到粒料储罐 E，汇报班长麻某，立即联系造粒岗位班长，严禁进行包装罐的切换操作。随后现场人员何某将粒料储罐 E 气源控制阀关闭，第一时间联系仪表车间人员来处理，仪表外操郭某随身携带工具包来到包装车间办理好检修作业票，进入现场排查导致气源管脱开原因，在更换多功能快速接头后，投用粒料储罐E换向阀的气源管恢复正常。

2. 故障原因

由于包装换向阀上的进料管线以及换向阀在生产装置正常运行时，管线内部压力大长期处于振动状态，材料老化，气源管多功能快速接头松动接口错位，失去应有的保护作用，致使控制换向阀切换的气源管活接脱开。

3. 处理措施

（1）立即通知岗位人员严禁切罐操作，并观察生产装置区工厂空气压力，防止因泄漏导致空气压力低，产生次生事故。

（2）立即安排现场人员关闭粒料储罐E气源控制阀，联系仪表人员更换多功能快速接头。

（3）对送料管线加强固定，减少振动，确保系统的安全。应定期对仪表管件和管道进行检查，及时发现并处理松动问题。

（4）电仪人员考虑是否可将气源管更换成柔性材质的管线。

（5）更换老化部件：对于因材料老化导致的松动，应及时更换老化的部件，以确保系统的稳定运行。

（6）定期组织学习重要阀门在事故下的开关状态，事故开，还是事故关，根据实际情况，对工况做出准确判断，针对性操作，避免事故扩大化。

案例16　三聚氰胺加料器运行时下料管线冒料事故

1. 故障经过

2020年7月6日，东北某聚甲醛化工企业，聚合车间运行一班夜班0时30分中控主操范某在配制添加剂时，发现称量斗的净重增长缓慢，三聚氰胺加料器的下料时间增长，联系现场人员韩某检查三聚氰胺加料器、称量斗的运行情况，现场发现三聚氰胺加料器下料管顶盖顶翻往出冒料，主操范某立即停止下料，汇报班长卢某排查冒料原因，进行处理。

2. 故障原因

由于三聚氰胺容易粘壁，长时间运行时会出现堵管现象，导致三聚氰胺加料器下料管堵塞，顶翻顶盖，冒出粉料。

3. 处理措施

（1）助剂配制系统启动运行时，操作人员应现场检查确认。

（2）助剂配制系统启动后，中控人员确认配方，确认每一种添加剂的净重量，发现问题及时查找原因及时汇报，同时现场拆下料管底部软连接确认，并用袋子塞住秤的入口，防止物料掉入秤中，同时清理管中及秤上粉料。

（3）回装后确认与称量斗秤中净重量相符，重新启动三聚氰胺加料器下料。

（4）每个月对三聚氰胺加料器下料管进行隔离清理。

（5）主操配料时关注助剂配制系统下料情况及称量斗秤净重的异常情况。

（6）助剂配制系统启动运行时，主操要确认好称量斗净重情况，现场操作人员加强巡检。

第六章

甲醛装置故障案例

案例 1　甲醛制备装置氧表高联锁，导致甲醇进料停车事故

1. 故障经过

2024 年 4 月 6 日 0 时左右，某聚甲醛生产企业外操人员于某在聚合三楼巡检时，突然收到中控人员樊某呼叫，三氟化硼没有压力需要切换钢瓶，于某收到呼叫后，未联系中控擅自把钢瓶切换至有压的一端，导致中控未能及时调整，造成三氟化硼第一段减压阀损坏。

2. 故障原因

（1）直接原因：操作过程中未与中控联系，造成减压阀损坏。

（2）主要原因：违章操作，未按操作规程进行作业。

（3）间接原因：人员安全意识不足，对作业期间存在的风险未进行有效分析。

3. 处理措施

（1）加强安全培训，提高员工安全意识。

（2）严格执行操作规程，对违反操作规程的行为严肃处理。

（3）定期开展风险评估和隐患排查，及时发现和整改问题。

（4）加强设备维护和保养，确保设备正常运行。

（5）建立应急预案，定期进行应急演练，提高应急处置能力。

案例 2　甲醛反应器（铁钼法）闪爆导致爆破片破裂事故

1. 故障经过

某聚甲醛生产企业，2024 年 4 月 7 日 14 时 58 分，当班主操郝某发现甲醛制备系统氧含量 10.969%、系统压力 0.36bar、透平转速 9800r/min 时，V4A（31.9%）、按自动设定正常打开以提升氧含量，但直至 15 时 01 分，V4A 开度至 40%，氧含量、系统压力、透平转速仍持续下降。此时人为干预，手动关闭放空旁路 HV55089、降氧阀 AV30023 及调整甲醇进料，至 15 时 16 分氧含量由最低点 7、4% 开始上升，至 15 时 26 分上升至 13% 触发高氧联锁停甲醇进料。

2. 故障原因

（1）直接原因：①系统压力持续下降，短时间由 0.4bar 降至 0.25bar，V4A 作用失效；②氧含量短时间升高，未及时应对高氧联锁。

（2）间接原因：①中控操作人员异常状况处理经验欠缺，未能及时控制工况趋势；②异常情况的联锁应对经验不足。

3. 处理措施

（1）V4A 调节氧含量未正常起效后，手动关闭系统放空阀 HV55089 和降氧阀 AV30023。

（2）放空阀和降氧阀调节效果不佳后，手动降低甲醇进料和增大风量以期降低甲醇浓度。

案例3　甲醛增压风机异常跳车事故

1. 故障经过

2023年3月22日21时49分，西南某聚甲醛新材料公司甲醛车间仪表值班人员杨某接到操作人员李某通知，甲醛增压风机跳车，仪表人员杨某对工程师站进行查询未查询到故障记录，现场检查，操作屏幕报过滤压差高保护故障，过滤压差保护属于风机自身保护联锁动作，更换滤棉后开机运行，22时44分后再次报警跳机。仪表人员杨某对增压风机压差管线进行检查，无堵塞，根据检查情况分析，问题一：过滤压差确实大，滤棉已换问题排除；问题二：风机控制器故障误报。请示值班领导、车间主任，对风机压差管线拆除，这时应保持0kPa，请示后进行开机，2时57分跳机，确定风机控制器压差（保护值2.5kPa）输出异常，造成跳机。

确认风机设备异常后，仪表人员杨某立即联系厂家，与厂家沟通，确认技术上可行性，而后索要控制器保护参数密码，调整保护值，现控制器输出4.6kPa，保护值为2.5kPa，厂家建议保护值调至20kPa，但需要生产7天换一次滤棉，保证差压不实际升高。参数调整后，当班班长向值班干部、装置主任汇报，请示开机，4时30分开机并入系统运行正常。

2. 故障原因

增压风机入口过滤器压差大，风机控制器压差（保护值2.5kPa）输出异常，故障误报；设备主机控制器检测差压传感器故障，导致触发风机自身保护联锁跳车。风机跳车现场显示点现场画面见图5–5。

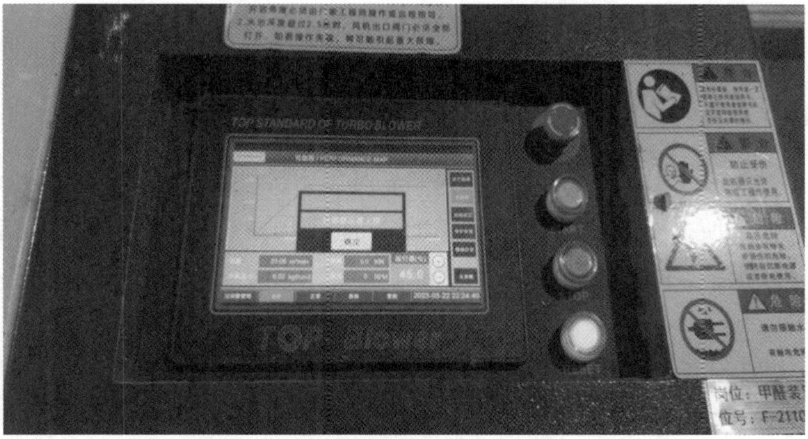

图 5–5 风机跳车现场显示点现场画面

3. 处理措施

（1）更换滤棉，且定期 7 天换一次，确保差压不实际超压报警。

（2）仪表人员联系厂家，分析危害，在可接受范围内，请示值班干部与装置主任后，及时调整保护参数，尽快开机，降低生产影响。

案例 4 甲醛装置非甲烷总烃在线数据超标事故

1. 故障经过

2018 年 2 月 15 日 11 时 10 分，某新材料科技有限公司，聚甲醛车间甲醛装置根据生产要求，调整工艺负荷，刚开始粗醇的进料流量是 460kg/h 左右，EC3 的进口温度是 106℃，出口温度是 514℃。根据领导张某指令，为匹配生产负荷，甲醛装置班长赵某安排主操王某开始降低精醇进料增加粗醇进料。11 时 50 分于环保群内发送了各项环保数据，12 时 50 分开始提粗醇的负荷。提负荷前恐 EC3 出口超温触发联锁，联系现场巡检人员王某将 EC3 小进路开了四圈，开完后联系班长郝某调整了 119 泵的回流，开始提负荷。

提负荷时一直注意着系统内氧浓度、反应器热点温度、EC3 出口温度，还在调整吸收塔的采出流量，负荷加完后发现 EC3 出口温度有下降的趋势，又联系了现场人员王某对 EC3 小进路又关了 7 圈，将出口温度稳定在 486℃，之后就一直在观察前面控制要点。16 时 48 分准备第二次发环保数据时，注意到非甲烷总烃超标（435mg/m³），最高时达到了 495mg/m³，随即联系许工，开始减少粗醇的进料，并联系现场人员王某关 EC3 小进路，开大进路对其进行升温。18 时 51 分非甲烷总烃降到 54.79mg/m³。

2. 故障原因

（1）对于风险辨识不到位，没有对粗醇进行取样化验，没有计算匹配量，盲目进行提量。对于粗醇大量进入系统所引起哪些变化没有掌握到位。

（2）对于 EC3 环保数据不够重视，没有及时进行监控，而且环保数据没有设置报警，人员没有立即发现数据的变化。

（3）人员操作不熟练，害怕超温提前打开小进路，但是开度偏大，导致进 EC3 催化剂前温度下降，催化不完全出口组分超标。

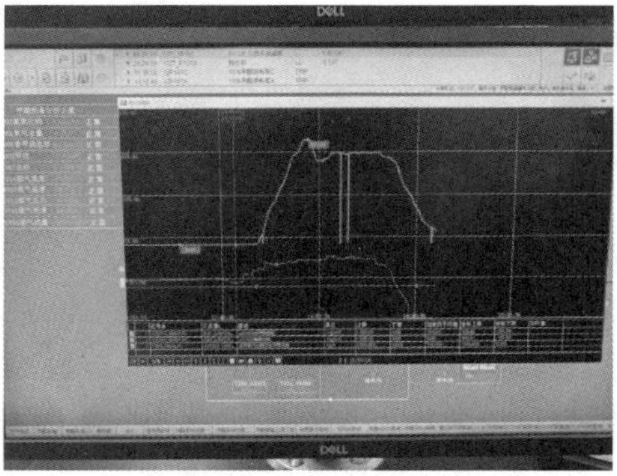

图 5–6　废气非甲烷总烃在线分析数据

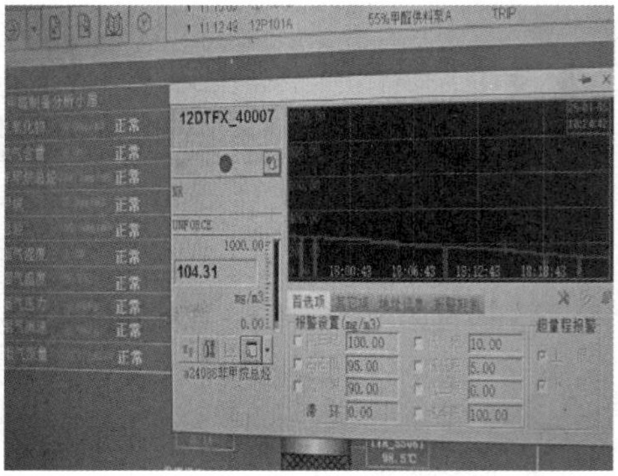

图 5–7　非甲烷总烃报警值

3. 处理措施

（1）严格控制粗醇的加入量，加入前对其进行分析化验，然后进行计算，找到一个匹配量，甲醛制备内操严格监控 EC3 进口温度及出口温度变化，在调整期间，现场专人配合调整做到预见性调节。

（2）对 EC3 非甲烷总烃等几个项目设置报警，监控 EC3 数值，当出现数值异常升高时（≥ 10%），出现报警声，提醒人员及时进行干预。

（3）严格执行环保制度，经常性查看非甲烷总烃趋势图，对环保指标超标引起足够重视。

（4）车间责任人落实非甲烷总烃排放指标超标情况，要求操作人员对环保在线数据上报流程以及制度加强学习。

案例 5　甲醛循环风机振值高联锁跳车事故

1. 故障经过

2019 年 9 月 28 日，西北某聚甲醛化工企业单体车间运行班组丁班夜班当班期间，6 时 33 分中控主操郭某在检查工况运行参数指标时，发现甲醛一套循环风机振值偏高，随即调出趋势查看过程，循环风机振值突然上涨至高高，触发安全联锁，导致循环风机跳车、甲醇一套进料阀联锁关闭、甲醛一套跳车；6 时 35 分甲醛二套因氧含量 AT–30023A/B 高高跳车，汇报班长王某、技术员关某、值班领导刘总，汇报调度引 7.0MPa 蒸汽，联系电仪部查找原因。

2. 故障原因

（1）甲醛一套：循环风机振值高跳车，一套风机联锁，甲醛进料联锁跳车，查找原因发现循环风机非驱动端手摸感觉振动频率忽高忽低，同时给风机排液，发现有少量冷凝水排出。由于循环风机内存在积液，循环气中气、液夹带，在高速转动下，造成风机振值迅速上涨至联锁值，最终导致循环风机停车。

（2）甲醛二套：甲醛一套跳车，主操郭某未及时降低二套甲醇进料，调整醇氧比至安全控制范围，导致甲醇浓度未降至联锁值（6.5%）以下，系统氧含量大于 13%，造成甲醛二套甲醇联锁跳车。

3. 处理措施

（1）汇报班长、技术员、值班领导联系机电仪人员进行事故分析。

（2）联系调度引7.0MPa蒸汽，经减温减压装置控制0.45MPa蒸汽管网压力，以满足单体、聚合车间正常运行要求。

（3）按甲醛装置一套和二套短期停车步骤进行处理。

（4）联系电气仪表人员查找原因，为再次开车消除安全隐患。

（5）技术员下发风机特护指令，1h风机排一次液。

案例6　甲醛装置因锅炉水液位低联锁跳车事故

1. 故障经过

2020年6月4日，西北某新材料有限责任公司聚甲醛生产部甲醛装置运行班组甲班夜班，甲醛一套开车加负荷过程中，主操丁某发现LIC-41023的补水阀位逐渐开大，3时37分，负荷加至5180kg/h，LIC-41023的补水阀位开至98.3%，高于正常阀位，H-4102锅炉水液位还未见涨，安排现场全开旁路进行补水，由于系统压力波动大，引起锅炉水液位波动。4时14分，甲醛装置因锅炉水液位LIC-41023低于20%联锁跳车，致使甲醛装置因LICA-41023液位低联锁跳车。

2. 故障原因

（1）加负荷速度过快，没有及时调整导热油压力及蒸汽系统压力，导热油热量未能及时移出，致使导热油液位波动，产气压力波动大，导致H-4102闪蒸。

（2）H-4102补水不及时，导热油升温过快，锅炉水汽化速度大于补水量，致使H-4102锅炉水液位低。

（3）对甲醛开车过程控制不明确，升温速率与热量释放不成比例，导致H-4102部分干烧。

3. 处理措施

（1）主操将 PIC-40903 打手动，调整产气管网压力在 11~12bar 之间，压力稳定后切自动控制。

（2）观察波动情况，降低负荷，平衡锅炉水液位。

（3）视情况现场开压力放空旁路，调整导热油系统压力。

（4）停止给导热油升温，调整锅炉水泵回流，控制出口压力，通过全开 H-4102 补水调节阀和旁路给 H-4102 开始补水。

案例 7　甲醛外送冷却器板换堵事故

1. 故障经过

2019 年 8 月 23 日，西北某精细化工企业聚甲醛生产部门甲醛装置 14 时 45 分，甲醛外送冷却器板换堵塞，现场外操樊某憋压冲洗甲醛外送流量计 FT-50064，开甲醛外送冷却器旁路外送，将甲醛外送冷却器隔离，冲洗管道。疏通后中控主操李某将甲醛 2 号吸收塔液位外送调节阀阀位全开向罐区外送甲醛，在没有投用甲醛外送冷却器的情况下，导致甲醛外送出口温度上涨至 69℃。14 时 52 分，中控主操李某通知现场投用甲醛外送冷却器；14 时 53 分，甲醛外送出口温度 72℃联锁跳车，汇报班长陈某，工艺技术员刘某。

2. 故障原因

（1）外送塔底操作温度已超过甲醛外送出口温度 72℃联锁跳车温度，在没有投用冷却器情况下直接外送，导致甲醛外送出口温度联锁甲醇跳车。

（2）未汇报片区班长陈某及技术员私自操作，对操作风险未能正确判断。

3. 处理措施

（1）汇报班长、技术员查明原因后，热态情况下立即组织开车，恢复生产。

（2）以后此操作需汇报班长、技术员，必要时可以先将甲醛外送出口温度联锁短时间摘除，避免触发联锁跳车，冲洗结束后再恢复联锁。

（3）技术员制定甲醛外送流量计冲洗操作流程，下发各运行队学习。

（4）板换疏通后，第一时间先投用板换，进行降温，防止甲醛外送出口温度超温。

案例8　甲醛C罐搅拌器故障事故

1. 故障经过

2020年9月21日，东北某天然气化工有限公司，聚甲醛装置单体车间，19时30分运行四班夜班接班时，发现甲醛工段甲醛储运罐区甲醛C罐搅拌器中控无色变，运行三班主操刘某安排外操郭某现场进行确认，发现甲醛C罐搅拌器启停操作控制台运行指示灯显示停止指示，随即启动后，电流偏高，1min后搅拌器电机跳车，无法启动。随即汇报班长陈某，联系电气车间李某排查跳车原因，经电气机柜检查，属于保护电机过载跳车；班长陈某将停车原因汇报岗位主管技术员、值班领导郭某，对事故做出分析制定下一步检修处置方案，将甲醛C罐液倒入甲醛A罐，拉低甲醛C罐液位，准备检修甲醛C罐搅拌器，排查跳车原因；保运人员按照检修方案，在吊车的配合下，下线搅拌器，解体电机与减速机查找原因。保运电气人员联合检查后，电机单试可以运行，连接减速机后就过载。

2. 故障原因

减速器结构设计不合理，减速器缺乏通风罩，无法实现均压，造成箱内压力持续上升，注油孔盖与减速器外壳接合面处漏油，润滑油液位太低，减速机轴承产生的机械热量无法降温，长时间运转导致搅拌器减速机轴承磨损。

3. 处理措施

（1）立即汇报班长、技术员、值班领导及相关人员进行事故分析，制定紧急处置方案。

（2）罐区进行倒罐操作，把物料从甲醛 C 罐倒入甲醛 A 罐，防止甲醛 C 罐长时间不搅拌产生多聚甲醛，在罐内结晶。

（3）联系电气、保运人员配合排查原因，进行检修。

案例 9 甲醛制备压力低联锁跳车事故

1. 故障经过

2016 年 7 月 26 日，西北某化工企业聚甲醛公司公用工程车间甲醛装置运行一队早上接班后，主管技术员赵某安排中控主操刘某对甲醛氧表 AT-30023 进行校对，接到指令后刘某联系仪表人员李某对 AT-30023 进行校对。仪表李某到达现场后，中控主操刘某将 AT-30023AB 打校验，在投校验的过程中，未将氧表自动状态切换到手动状态；在校表过程中，因氧表显示低值，氧表调节阀阀位自动开大，系统放空开大，造成甲醛系统压力低低触发联锁，导致甲醛装置跳车。

2. 故障原因

中控主操对安全联锁装置相关知识缺乏，在摘除安全联锁的情况下，允许仪表人员进行氧表校准作业。在办理摘除联锁手续时，仪表专业人员未进行安全风险研判。中控人员操作经验不足，没有意识到校验状态下，阀位也会随之发生变化，未进行后台跟踪。

3. 处理措施

（1）现场关闭 ECS 阀瓣，控制 ECS 温度、热点温度下降速率。

（2）重新确认启动增压风机、循环风机，维持系统温度，具备投料开车条件。

（3）启动甲醇泵，给甲醇预汽化器进甲醇，甲醛合成反应器投料开车。

（4）加强中控人员对DCS的操作及认知，由技术员对中控人员进行一对一培训。

（5）下发《甲醛制备氧表校验程序》，让各班组认真学习、签字，由技术员不定期抽查。

（6）加强联锁摘除作业培训，增强安全风险研判力度，降低事故发生率。

案例10　挤压机C液位高联锁停机事故

1. 故障经过

2024年8月25日3时23分，某聚甲醛生产企业，尾气加热器入口工艺气流量FI–31044由54408Nm^3/h在3s内降低至49648Nm^3/h，操作人员郭某未做出反应，氧化反应器进料甲醇浓度AI–31042超过10.4%（体积）[联锁值10.4%（体积）]，导致氧化反应器联锁停车，氧化反应器入口工艺气流量FI–32044由54624Nm^3/h在3s内降低至50472Nm^3/h，R–206进料甲醇浓度升高至10.125%(体积）[联锁值10.4%（体积）]，未触发联锁。因氧化反应器停车切断甲醇进料后，氧化反应器的空气继续进入吸收塔，导致氧化反应器的进料气氧含量持续升高，当氧含量为12.83%（体积）[联锁值13%（体积），3选2]时，氧化反应器顶部爆破片Z3–32063/32064/32065信号丢失，触发氧化反应器甲醛装置安全联锁。现场人员确认氧化反应器顶部三个爆破片均已破裂。

2. 故障原因

（1）氧化反应器停车原因：

①尾气加热器入口工艺气流量FI–31044由54408Nm^3/h在3s内降低至49648Nm^3/h，氧化反应器进料甲醇浓度AI–31042超过10.4%[联锁值10.4%（体积）]、导致氧化反应器联锁停车。

②导致FI–31044/32044流量低可能性：风机入口总管上的混合器挡板掉落；

吸收塔分离效果差，顶部有液体进入空气管线积液；风机本身存在设备问题；工艺气流量计 FI–31044/32044 氧气管线有异物或其他仪表问题；电气电压不稳等电气因素导致风机流量低。目前 FI–31044/32044 流量低的具体原因仍在分析中。

（2）R–206 闪爆原因：

①氧化反应器联锁停车，导致氧化反应器的进料气氧含量持续升高，氧含量表存在滞后性未及时联锁，甲醇气在氧化反应器中达到爆炸极限闪爆。

②氧化反应器工艺气流量波动导致吸收塔 4–002 的分离效果差，吸收塔顶部气相夹带有甲醇水溶液进入至氧化反应器，形成局部热点导致闪爆。

3. 处理措施

（1）研究讨论新增加工艺气流量的联锁：短时间内工艺气流量波动较大直接触发安全联锁。

（2）研究讨论对甲醛装置的氧含量仪表的联锁值、甲醇含量联锁值进行优化。

（3）车间应该完善异常工况应急处置方案和开停工的操作规程，提高操作人员异常工况的操作能力，避免装置异常停车。

（4）各部门加大三查四定的检查力度，对机电仪逐项检查，确保装置长周期运行。

第七章

聚甲醛检测设备典型故障

案例 1　污水排放池 COD 在线分析仪故障事故

1. 故障经过

2019 年 10 月 19 日，北方某精细化工生产企业聚甲醛装置污水岗位工艺现场外操樊某反映，排放池 COD 在线分析仪测量值 78mg/L，中化分析结果为 38mg/L，两者偏差较大。

仪表人员检查过程中发现，消解管有漏液痕迹，管壁有裂痕。更换消解管备件后重新标定，仪表出现斜率错误和测量放大错误报警信息，测量结果偏差较大，忽高忽低。

在仪表故障排查中发现计量管内径与原厂件不符，10 月 16 日计量管备件到货后更换重新标定，仪表出现斜率错误报警信息，再次标定后报警信息消除，仪表恢复正常状态。

2. 故障原因

计量管质量原因：内径 6.0mm（正规 5.5mm），容积偏大。

更换的计量管备件，由于计量管内径偏大，加入消解管的试剂量偏大，消解后造成测量误差。

由于试剂量大，在消解加热过程中导致管内压力增加，致使消解管长时间超压而破裂漏液。

COD 在线分析仪故障及原因，统计如下：

（1）仪器无法正常开机：

可能原因：电源线接触不良，电源开关损坏，保险丝烧断等。

应对措施：检查电源线是否插紧，更换电源开关，更换保险丝。

（2）仪器测量值异常：

可能原因：传感器损坏，电路板故障，操作不当等。

应对措施：更换传感器，检查电路板连接，按照正确操作方法使用仪器。

（3）仪器显示屏异常：

可能原因：显示屏损坏，内部线路短路等。

应对措施：更换显示屏，检查内部线路连接，修复短路问题。

（4）仪器输出数据错误：

可能原因：数据处理模块故障，传输电缆损坏等。

应对措施：更换数据处理模块，更换传输电缆，检查数据接口是否松动。

3. 处理措施

（1）加大中央化验室分析频次，参照分析结果进行工艺操作。

（2）与调节池 COD 分析仪对调安装使用，优先满足排放池 COD 检测。

（3）对 COD 故障原因进行分析排查。

（4）定期对 COD 分析仪进行维护保养，确保设备处于良好的工作状态。

（5）在遇到故障时，不要随意拆卸设备，以免造成更严重的损坏。可以联系专业的维修人员进行检修。

（6）对于易损件，如传感器、保险丝等，要定期检查其使用寿命，及时更换。

（7）在设备使用过程中，要注意保护设备表面不受损伤，避免影响设备性能。

案例2　万能试验机夹具打滑导致试件飞出事故

1. 故障经过

2019年3月24日21点35分，西南某精细化工生产企业聚甲醛装置化验分析一班中班，操作工王某在实验室进行共聚甲醛产品金属拉伸试验时，刚加载到50%载荷，纤维“呲溜”一声从夹具里滑出，数据当场报废，数据漂移，曲线忽高忽低。试件突然从夹具中滑脱并高速飞出，击穿实验室玻璃窗。

2. 故障原因

出现打滑的原因主要是人为因素和设备因素。

（1）人为因素：操作人员使用大规格钳口夹持小截面试件，接触不紧密导致摩擦力不足，使拉伸试验机滑动，拉伸试验机滑动的人为因素是操作者在进行试验时没有按照试验的正确方法进行操作，而造成人为因素的原因主要有试验夹持长度短和夹具夹持口的选择不当。

（2）设备因素：试件夹持长度过短（未达夹具齿面长度），导致楔形口受力不均，产生塑性变形；主要是拉伸试验机在拉伸样品时氧化铁皮落入楔形块斜面而滑动。

3. 处理措施

（1）根据试件尺寸严格匹配夹具规格，确保试件夹持长度≥夹具齿面长度的2/3，并定期检查夹具磨损情况。

（2）在拉力试验机的操作规程中，必须规定拉伸样品夹持长度，不得小于夹具齿面长度；不得使用大截面的夹持口夹持小截面样品或使用平夹持大样品。操作人员应按操作规程进行试验。

（3）当楔形块发生塑性变形，严重外翻，使楔形块斜面塌陷或磨损时立即修复楔形斜面。

（4）补焊，先补焊楔形块斜面的塌陷和磨损部分，然后用插床复原（如果机械加工没有达到粗糙度的要求，必须进行磨削）。补焊部分的硬度、强度一般会提高，今后要注意正确使用夹具。

案例 3　万能试验机过载保护失效引发设备损毁事故

1. 故障经过

2020 年 5 月 19 日 11 点 45 分，西北某新材料生产工厂聚甲醛装置质检中心分析三班白班，班长张某安排操作工李某测试共聚甲醛高分子材料的力学性能，进行质量控制，然而，由于长时间使用传感器致使传感器失效，无法准确检测载荷，试验机持续加载，控制系统出现故障，无法及时停机，导致传动丝杠断裂、设备严重损坏。

2. 故障原因

（1）传感器校准失效，实验参数设置不正确，设置了错误的载荷上限，软件联机异常，未实时显示实际载荷数据，加载速度过快，未正确触发过载保护机制。

（2）设备老化，随着设备使用时间的增长，其各个部件的磨损和老化会逐渐加剧，从而导致设备性能下降。例如，机械部件的磨损可能导致精度下降；电气部件的老化可能导致控制不稳定。

3. 处理措施

（1）定期更新软件版本，跟踪新技术和新方法的发展，以便不断提高设备的性能和功能，检查数据采集卡连接稳定性。

（2）定期检查和维护超载保护装置，确保超载保护装置的可靠性，需要定期对其进行检查和维护（对传感器进行校准、检查控制系统是否正常运行），每月校准力值传感器，确保误差 <0.5%；同时，还需要关注超载保护装置的使用寿命，及时更换损坏或老化的部件。

（3）提高操作人员的技能水平，确保试验过程的准确性和安全性。

（4）为了确保试验过程的准确性和安全性，选择性能稳定、质量可靠的产品，并对其进行全面的测试和评估，及时更新和更换设备。

案例4 环境温湿度异常导致测试出现偏差以致后续产品召回事故

1. 故障经过

2019年8月15日，西部某精细化工产品生产企业聚甲醛生产部分析化验车间，质检三班操作工何某在班长范某安排下进行高湿度环境下测试复合材料时，由于实操经验少，未考虑到温湿度这一重要环境因素，数据漂移导致误判材料合格性，产品受潮或过热，后续引发产品召回。

2. 故障原因

（1）质检中心室内湿度 >80%，温湿度控制不达标，导致传感器信号干扰。

（2）生产场所通风不良、湿度调控设备失灵或未进行及时维护，未按标准控制环境温度（推荐10~35℃），金属部件热胀冷缩影响精度。

（3）温度影响：

①高温（>30℃）：加速聚甲醛分子链热运动，导致力学性能（如拉伸强度、模量）下降。可能引发材料热降解（释放甲醛），影响尺寸稳定性。

②低温（<0℃）：增加材料脆性，冲击强度显著降低。

（4）湿度影响：

①高湿度（RH>60%）：聚甲醛虽为低吸湿性材料（吸水率0.2%~0.3%），

但表面吸附水分可能导致测试误差（如重量法测密度）。湿气可能渗入材料内部微裂纹，加速应力开裂。

②低湿度（RH<30%）：静电积聚干扰电性能测试（如体积电阻率）。

（5）如果温湿度控制不达标，可能会对试验结果产生以下影响：

①加快腐蚀速率的变化：温湿度条件是影响腐蚀速率的关键因素。如果温湿度控制不准确，可能会导致腐蚀速率的异常变化，从而影响试验结果的准确性。

②试验条件不一致：温湿度的不稳定性可能导致每次试验的条件不一致，这会使得试验结果难以复现，降低试验的可靠性。

③样品间差异：如果试验箱内部的温湿度分布不均匀，可能会导致不同位置的样品受到不同程度的腐蚀，造成样品间的比较失去意义。

④试验结果的偏差：不准确的温湿度条件可能会导致试验结果与实际使用环境的预期表现出现偏差，影响产品的质量评估。

⑤数据记录得不准确：如果温湿度记录不准确，可能会误导数据分析，导致错误的结论。

⑥试验标准的不符合：大多数盐雾试验都有严格的温湿度标准。如果控制不达标，试验可能不符合这些标准，从而影响试验的有效性和法律效力。

⑦样品的过早或过晚腐蚀：过高或过低的温度可能导致腐蚀反应加速或减缓，湿度的不适当也会影响盐雾的凝结和腐蚀过程，导致样品过早或过晚出现腐蚀现象。

⑧安全风险：极端的温湿度条件可能会对试验箱的部件造成损害，增加设备故障和安全风险。

⑨试验周期的延长或缩短：不适宜的温湿度条件可能需要延长试验周期以观察到腐蚀效果，或者相反，导致试验周期过短而无法准确评估腐蚀程度。

⑩对后续试验的影响：如果试验箱因为温湿度控制不当而受损，可能需要维修或更换，这将影响后续试验的安排和进度。

3. 处理措施

（1）环境控制标准测试条件：安装恒温恒湿系统（推荐温度 23℃ ±2℃，湿度 50%±5%）。

（2）设备配置：测试前预热设备 30min 以上，消除热惯性误差；配置恒温恒湿试验箱（预处理样品至少 24h），温湿度实时监控报警系统。

（3）样品预处理：测试前将聚甲醛样品在标准环境中平衡 48h 以上（消除加工残余应力及吸湿影响）；对于高精度测试（如尺寸变化率），需在干燥箱中（60℃）预处理 4h 以去除表面水分。

（4）测试修正方法：

①数据补偿：通过温湿度系数校正力学性能数据［如弹性模量温度修正系数：（–0.3%~–0.1%）/℃］。

②对比试验：在异常和标准环境下平行测试，建立偏差对照表。

③操作规范避免裸手接触样品（防止汗液污染）。

④测试设备（如拉力机夹具）需与环境同温，防止局部热传导影响。

（5）对生产场所进行通风改善，确保空气流通，降低湿度积聚的可能性。

（6）对温湿度调节设备进行定期维护，确保其正常运作。

（7）设立温湿度监控系统，及时感知环境变化并调整参数。

案例 5　注塑机机械防护失效导致肢体夹伤事故

1. 故障经过

2019 年 6 月 17 日，东北某聚甲醛新材料化工公司聚甲醛部门质检分析车间化验二班白班，14 时 20 分实验室操作员张某在调试注塑机模具时，发现模具型腔有轻微溢料残留，因防护挡板故障未维修，未关闭设备电源，直接打开安全门，使用气枪清理模具表面，人为短接安全装置；14 时 28 分同班组李某误触控制面板上的手动合模按钮，合模机构突然启动；14 时 29 分张某右手臂不慎伸入合模区域，尚未完全撤出模具区域，被移动模板与固定模板夹压，设备运行时，被模具夹成重伤。14 时 30 分设备急停触发，但合模动作已造成伤害，现场人员立即送医。

2. 故障原因

（1）直接原因：由于操作者在使用注塑机时操作不当，违规短接安全装置，导致防护失效。例如，违反操作规程、忽视安全警示、疲劳操作等都可能成为事故的诱因。

（2）间接原因：

①设备故障：注塑机设备本身的故障也是导致事故发生的一个重要原因。例如，机器的安全防护装置失效、控制系统出现故障等，都可能导致手臂被夹断。

②设备维护不到位，未定期检查安全联锁系统；实验室安全管理缺失，未及时制止违章行为。

3. 处理措施

（1）严禁改装或绕过安全装置，定期检查防护设施（如安全门联锁、限位开关）。

（2）加强实验室安全培训：企业应定期对注塑机操作人员进行安全培训，落实操作规范，确保他们熟练掌握操作规程和安全知识。

（3）定期检查设备：企业应定期对注塑机进行检查和维护，确保设备的安全防护装置和控制系统正常运行。

（4）使用安全装置：为注塑机安装必要的安全装置，如红外线感应器、急停按钮等，以提高设备的安全性。

（5）合理安排工作时间：企业应合理安排操作人员的工作时间，避免长时间疲劳操作，降低事故发生的概率。

注塑机夹断手臂的事故给操作者和企业都带来了巨大的损失。为了确保安全生产，我们必须深入了解事故发生的原因，并采取有效的预防措施。只有这样，我们才能最大限度地保护操作者的安全，提高企业的生产效率。同时，我们每个人也应该时刻保持警惕，严格遵守操作规程，共同营造一个安全、和谐的工作环境。

案例6　注塑机高温熔融物料喷溅烫伤事故

1. 故障经过

2017年3月19日9时25分，西南某新材料化工有限责任公司聚甲醛生产部分析化验车间检验四班，班长陈某准备使用注塑机通过加热共聚甲醛粒料使其熔融，并在高压下将熔融粒料注入模具型腔中，经过冷却固化后制作所需的塑料制品，利用这一过程能够高效、精确地生产出复杂形状的塑料产品。9时30分，发现实验室注塑机喷射嘴堵塞，由于班长陈某未佩戴防护装备直接用手清理，未使用专业工具，当时共聚甲醛的注塑温度是210℃（注塑温度正常控制范围是180~220℃），在疏通过程中，高温油管发生爆裂喷溅致陈某手臂严重烫伤。

2. 故障原因

（1）操作不规范：对注塑机的操作规程不熟悉，为了节省时间而违规操作，未使用专用工具（如铁钳）处理堵塞物，导致机器失控或发生故障。

（2）防护缺失：安全意识淡薄，对注塑机的潜在危险认识不足，缺乏必要的安全防护措施，作业时未配置耐高温手套、护目镜等个人防护装备。

（3）设备维护不到位：注塑机长时间运行后，若未及时进行维护和检修，容易出现故障，从而引发事故。

通过调查发现，注塑机高温油管上的阀门没有正常关闭，加之管路老化、温度过高等因素共同作用，导致高温油管爆裂，引发事故。

3. 处理措施

（1）规范高温区域操作流程，强制使用防护装备。

（2）定期清理喷射嘴并检查设备密封性，防止熔料泄漏。

（3）维护注塑机高温油管：加强对注塑机高温油管的检查和维护，保证设备的正常运转。

（4）提高员工安全意识：对员工进行安全知识的宣传和教育，提高员工对注塑机潜在危险的认识，提高自我保护意识。

（5）防止管路老化：定期更换和检查管路，防止管路老化，减少安全隐患。

（6）加强设备管理：对注塑机进行定期检查和维护，确保其处于良好的工作状态，降低故障发生的概率；建立设备管理制度，落实设备日常管理、维护保养等各项工作。

（7）使用优质器材：优质的器材，能够延长使用寿命，减少故障发生。

（8）加强培训：定期对工人进行注塑机操作培训，确保他们熟练掌握操作规程和安全知识。

（9）安装安全防护装置：在注塑机周围安装必要的安全防护装置，如防护栏、急停按钮等，以减轻事故发生时对人员的伤害。

案例 7　注塑机设备维护不当引发电气火灾事故

1. 故障经过

2020 年 6 月 10 日，北方某化工园区一生产共聚甲醛的化工企业，检验三班操作工毛某使用注塑机加热熔化粒料，启动注塑机，接通加热及温度调节系统，预热液压油，温度升到 180℃时，闻到屋内有烧焦气味，排查发现实验室注塑机电源线老化破损，长期未更换导致短路起火，引燃周边化学品。随即切断注塑机电源，停止升温，汇报班长田某后，班长组织应急小组成员使用二氧化碳灭火器对准火焰喷射，由于发现及时，着火情况可控，在班长的正确组织下，用时 10min 将火势完全扑灭，成功保护设备，使损失降到最低。

2. 故障原因

（1）机器设备维护不当：注塑机是一种使用电子控制系统的设备，长时间运转过程中会产生高温，电源线需要使用耐高温套管保护，安装漏电保护开关并且需要不断地润滑和清洁才能保持正常运行；注塑机设备表面附着很多油污和灰尘，长期以来没有对设备进行必要的维护，导致设备的散热性能下降，容易造成短路和发生火灾。

（2）电路老化：正常情况下注塑机的电路应该定期进行检查，及时更换老化的电线和插座。

（3）管理疏忽：在注塑机作业场所存放化学品，安全隐患排查和处理措施也不够完善，导致隐藏的安全隐患得不到及时排除。

3. 处理措施

（1）加强设备维护：采用耐高温线材并定期更换，配备自动灭火装置。

（2）建立设备维护台账，重点检查高温区域线路。

（3）立即切断电源：一旦发现注塑机起火，第一时间应该立即切断电源，以避免电器设备继续引发火灾。

（4）选用正确灭火器进行灭火：如果火势较小，可以使用灭火器进行灭火。不过要注意，应选择适合油性火灾的二氧化碳灭火器。

（5）紧急时通知消防队：如果火灾已经无法控制，应立即拨打119报警电话通知消防部门前来救援处理。

（6）通知附近工人撤离：在企业防火制度中规定，一旦发生火灾，应立即通知附近工人撤离，确保人员安全。

（7）安排人员守护现场：一旦发生火灾，应立即安排人员守护现场，防止火灾扩散，引发更加严重的后果。

案例8　气相色谱仪氢气泄漏引发爆炸事故

1. 故障经过

2022年5月17日，西北某新材料化工厂质检车间化验员黄某对色谱仪定期维护，断电拆走色谱柱进行清理，没有及时跟班组其他人员沟通，导致李某在不知情情况下，开启气相色谱仪时，未检查设备状态直接通入氢气并启动加热，导致大量氢气泄漏到色谱柱箱内，与柱内空气混合达到爆炸极限。当开启箱内加热丝开关后，加热丝加热产生明火，2min 后仪器爆炸，前门飞出 2m 外，严重变形，所幸操作员当时在侧面检查，未受伤。

2. 故障原因

（1）色谱柱被维修人员私自卸走未告知，导致氢气泄漏至柱箱内，与空气混合达到爆炸极限（4%~76%）。

（2）加热丝通电后产生明火，引燃混合气体发生爆炸。

（3）操作员未按规程试漏，未打开柱箱检查完整性。

（4）设备停机后未封堵载气口，维修交接制度缺失。

3. 处理措施

（1）立即关闭气体钢瓶阀门：这是首要的应对措施，旨在切断气源，阻止氢气继续泄漏。

（2）疏散人员：一旦确认氢气泄漏，应立即疏散实验室内无关人员，确保人员安全。同时，打开门窗以促进通风，减少氢气在室内的积聚。

（3）使用排风机将气体排放至空旷地带：如果泄漏无法立即控制，且没有适当的除害装置，可以考虑使用排风设备将氢气排放至室外空旷区域，以降低室内氢气浓度。

（4）切断火源：为了防止火势蔓延，应立即切断所有火源，并尽可能切断泄漏的氢气源。

（5）严格规范开停机流程：开机前必须试漏并检查气路完整性。

（6）建立设备维修档案和交接制度，明确设备改动需挂牌警示。

案例9　化验室硫酸误用导致灼伤事故

1. 故障经过

2018年3月25日，南方某新材料化工有限公司聚甲醛装置质检车间化验室，副班长张某在溶液室配制氨性氯化亚铜溶液（1体积氯化亚铜，加入2体积25%的浓氨水）时，在量取200mL氯化亚铜溶液放入500mL平底烧瓶中后，需加入400mL的氨水。朱某从溶液室临时摆放柜中拿了自认为是两个500mL的瓶装氨水试剂（每瓶约200mL，其中一瓶实际为98%的浓硫酸，浓硫酸和氨水瓶的颜色较为相似），将第一瓶氨水试剂倒入一只500mL烧杯中，后拿起第二瓶，在没有仔细查看瓶子标签的情况下，误将约200mL，实为98%的浓硫酸倒入烧杯中，烧杯中溶液立即发生剧烈反应，烧杯被炸裂，溶液溅到朱某脸上和手上，当时化验员吕某正好去溶液室拿水瓶经过，脸上也被喷溅出的溶液黏上，造成两人脸部及朱某手部局部化学灼伤。

2. 故障原因

（1）试剂瓶标签混乱，酸、碱试剂混放。

（2）自我防范意识差，未按规定佩戴防护用品，未在通风橱内操作。

（3）朱某在配制溶液过程中，没有仔细查看试剂瓶标签的情况下，错把98%浓硫酸当作是氨水，注意力不集中、操作责任心不强。

（4）中心化验室的零散试剂管理不到位，酸、碱试剂长期混放，存在习惯性违章现象。

（5）在配制有刺激性试剂时，没有按照规定在通风橱中操作，执行规范标准不到位。

3. 处理措施

（1）对中心化验室的各项标准制度进一步进行完善，规范试剂分类存放，强化标签管理，强调仪器设备、药品安全等管理制度的执行力度，要求一切化验工作必须按标准制度和操作流程执行，确保万无一失。

（2）要培养每个人工作责任心，按照“团队、规范、认真、用心”的要求去做好身边的每一件事，按照岗位操作标准流程去做每件事，不能疏忽每一个细节。

（3）加强业务学习，强化检验基础知识的学习，普及危险化学品、电器设备等安全知识，不断提高业务知识水平与操作技能。

（4）立即彻底检查安全隐患，发动各岗位对照岗位制度标准，自查自纠，消除安全隐患，强制使用防护设备，如护目镜、防护面罩及防酸碱手套等。

案例 10　化验室化学试剂误混合引发泄漏事故

1. 故障经过

2020 年 12 月 23 日，东北某精细化工有限公司分析化验中心一位实验员在进行有机合成实验时，不慎将一瓶高浓度盐酸与一瓶有机溶剂混合，导致了剧烈的化学反应，瞬间产生大量有毒气体并引发起火；由于当时实验室内通风设施不完善，有毒气体无法及时排出，导致实验室内部浓烟滚滚，实验员和周围同事无法逃生，造成人员呼吸困难和设备损坏，多人受伤，实验室设备和实验样品遭受严重损失。

2. 故障原因

（1）实验员在进行实验前没有进行充分的实验准备、未核对标签和采取安全防范措施。他没有对实验所需的化学品进行充分的了解和确认，也没有进行充分的实验方案设计和风险评估。

（2）实验室内部的安全设施和设备不完善。通风设施不畅，导致有毒气体无法及时排出，加剧了事故的严重程度。

（3）实验员在实验过程中缺乏对突发状况的应急处置能力，没有及时采取有效的措施控制事态的发展。

3. 处理措施

（1）实验员在进行实验前必须进行充分的实验准备和采取安全防范措施。对实验所需的化学品进行充分的了解和确认，进行充分的实验方案设计和风险评估。

（2）实验室内部的安全设施和设备必须得到完善。特别是通风设施必须保持畅通，确保有毒气体能够及时排出，降低事故的严重程度。

（3）实验员必须具备对突发状况的应急处置能力，能够及时采取有效的措施控制事态的发展。

（4）定期开展安全操作培训，强调试剂兼容性知识。

（5）安装可燃和有毒气体实时监测报警系统。

第八章

公用系统及其他典型故障案例

案例1　50℃水放空喷溢事故

1. 故障经过

2016年4月14日16时32分，某聚甲醛生产企业现场监控显示50℃高位槽远传液位计读数出现异常波动并指向过低的液位数值。基于此错误信号，控制系统自动调节使50℃水罐进行液位排放操作，实际罐内液位快速下降至异常低值。随后，监测到系统内出现不明来源的气体，随后在三聚提浓塔冷凝器设备处发现换热效果变差，且有气液夹带现象从放空口喷出，经分析确定是部分50℃水汽化导致压力升高所致。

2. 故障原因

（1）50℃高位槽远传液位计假信号：远传液位计可能因浮子卡滞，在罐内介质液位正常变化时无法同步移动，导致传感器检测的位移量与实际液位不符；或者传感器本身精度下降、内部电路元件老化损坏，使得输出信号不能真实反映液位情况。

（2）系统窜入空气：由于50℃水罐液位因远传液位计假信号被过度排放至

过低水平，水封被破坏。空气从水罐的开口部位如人孔、排气阀等密封不严处以及管线连接部位的微小缝隙中进入系统，进而沿管路扩散至50℃水管线中。

（3）50℃水管线气阻及局部换热不好：进入50℃水管线的空气在管内聚集，形成气阻。空气的密度和流动特性与水不同，在管内气液混合的情况下，会严重阻碍水的正常流动，降低了水的流速和与换热器的热量交换效率，从而导致局部换热不好。

（4）三聚提浓塔冷凝器换热不均匀及50℃水汽化：

①换热不均匀：气阻导致50℃水在三聚提浓塔冷凝器换热器内流速分布不均，部分管程或壳程介质流速过快或过慢。流速过快的区域热量传递时间短，不能充分进行热交换；流速过慢的区域则容易出现温度局部升高、水汽化现象，整体表现为换热不均匀。

② 50℃水汽化：在局部换热不良的区域，水温升高超过50℃甚至达到沸点，引发部分水汽化。汽化后的水蒸气体积迅速膨胀，使得三聚提浓塔冷凝器内部压力急剧升高。

（5）气液夹带从放空喷出：随着三聚提浓塔冷凝器内部压力升高，气液混合物的流速加快，气液之间的混合状态变得不稳定，形成气液夹带现象。当压力超过放空口的承受能力或设定的开启压力时，气液夹带便从放空口喷出。

3. 处理措施

（1）切断50℃水罐与后续系统的连接，避免更多空气进入系统以及防止三聚提浓塔冷凝器异常状态进一步影响整个工艺流程。

（2）手动调整三聚提浓塔冷凝器的进出口阀门，控制内部压力降低速度，同时逐步打开放空口，将内部气液混合物安全排出，降低压力。

（3）安排仪表人员对50℃高位槽远传液位计进行紧急检查和修复，重新校准液位计，确保获得准确的液位信息。

通过本次事故分析，明确了事故原因，评估了事故影响，并提出了相应的应急处理措施和预防措施建议。

案例 2　单体 B 线地沟围堰渗漏导致雨水池甲醛超标事故

1. 故障经过

2020 年 6 月 17 日夜班，西北某化工生产企业，聚甲醛装置运行三队丁班白班，外面正在下雨，定期分析雨水池样，报样结果甲醛为 1.92mg/L，控制指标为 <1mg/L，超出控制指标。经过多次取样分析甲醛指标一直上涨，立即汇报班长麻某、工艺技术员于某，同时排查污水调节池等系统各池指标，结果均正常。为缓冲雨水池液位，排放池切入雨水管网。随后班组进行雨水管网的排查，在巡查过程中发现 B 线单体前排泵围堰渗漏，经取样分析甲醛为 298mg/L，严重超标。

2. 故障原因

B 线单体前排泵水泥围堰防水层破裂损坏，当地沟液位上涨至破裂缝隙处就会向外渗漏，进入雨水管网造成甲醛超标。

3. 处理措施

（1）雨季天气加强各条线前、后排泵围堰的巡检次数。

（2）雨水池取样器采取固定摆放，防止交叉污染。

（3）排查污水各池指标参数是否正常。

（4）雨水池取样分析，进行指标跟踪。

（5）及时隔离 B 线单体前排泵围堰渗漏点。

案例 3　氮气管网进液事故

1. 故障经过

2020 年 6 月 5 日，西部某化工生产企业聚甲醛装置单体车间运行一班白班，接班后主操李某发现二氧戊环单元系统氮气流量表卡，趋势呈直线，汇报班长王某，联系仪表人员郭某检查流量计，清理回装后依旧无流量，班长组织现场冯某排查发现氧五环单元系统氮气流量表氮气来自公用站管线，随后排查每个公用站氮气管线，发现一楼浓甲醛泵后方氮气公用站管线内有液且有甲醛气味，立刻组织从一楼氮气公用站对氮气管网进行排液。

2. 故障原因

经现场排查发现加压塔冷凝器氮气管线阀门未关到位，有四分之一开度，止逆阀内漏，导致加压塔冷凝器气相窜入氮气管网。

3. 处理措施

（1）立即汇报班长、主管技术员，进行事故分析，制定应急处理措施。

（2）立即关闭加压塔冷凝器氮气阀，由班长组织外操，对现场每个氮气分配站进行排液。

（3）中控主操排查 DCS 其他氮气流量计是否处于正常指标范围。

（4）从氮气管网低点排液后，对氮气管网进行彻底置换。

案例 4　单体 A/C 线地坑，雨水池溢水事故

1. 故障经过

2019 年 8 月 20 日，南方某新材料化工有限公司聚甲醛装置单体车间运行丁班夜班，0 时 20 分接班后，雨水降水量骤然加大，中控人员通知现场启单体 A/C 线废液泵 AB，潜水泵。0 时 50 分现场人员巡检发现雨水池液位高，仅剩下一个半梯子（交接班时雨水池外露 7 个梯子），及时联系调度外排雨水，调度回复：必须等样出来才能外送，1 时 45 分中化报样后，雨水池已经向外溢水，地面水全部流向地沟，最后进入地坑。汇报调度后，启雨水泵双泵及时外送，由于雨水量过大，雨水池液位没有下降趋势；废液泵，潜水泵送水量小于地坑进水量，单

体 A/C 线地坑液位迅速上升，中控人员及时联系电气人员，将地坑所有机泵断电，用潜水泵外送。此时，现场人员汇报单体 A/C 线地坑已经溢水。

2. 故障原因

（1）装置围堰设计低、降雨量太大。

（2）泵房外未设计防雨棚，导致雨水灌入地坑、三聚甲醛单元废液槽液位高。

（3）潜水泵功率低，送水量小。

（4）雨水量大，废液泵出水量小于进水量，未及时送出。

（5）雨水池倒灌溢出的水部分流入 A、C 线地坑。

3. 处理措施

（1）联系调度雨水池启双泵外排。

（2）汇报值班领导、车间领导，启动应急预案。

（3）C 线地坑启废液泵 AB、潜水泵外排，液位仍然上涨后（水位没过电机），停地坑泵并联系电气人员将地坑所有泵断电，拆 B 线地坑潜水泵放至 C 线地坑，双泵外排。

（4）A 线地坑启废液泵打量满足不了（无潜水泵），液位上涨淹没地坑泵电机后联系电气人员将 A 线地坑内所有泵断电。C 线地坑液位下降后，拆一台潜水泵放至 A 线地坑外排。

案例 5　聚甲醛部脱盐水甲醛超标事故

1. 故障经过

2021 年 5 月 14 日 9 时 30 分，西北某清洁能源化工公司聚甲醛装置化验分析车间运行二班白班，分析单体加压蒸馏工段 C 线加压蒸馏塔釜取样点样品，甲醛结果偏高，为 467mg/L，控制指标甲醛 <300mg/L。11 时 30 分重新做空白和加压蒸馏塔釜取样点样品，甲醛结果仍然偏高，为 475mg/L，而其他低含量环保样

品结果均偏低。12时岗长李某汇报分析工程师张某，并说明事件过程，张某要求重新做空白验证。

14时在岗长李某重新分析过程中，发现加热后的空白样比不加热的空白样颜色偏黄偏深，汇报分析工程师张某。张某安排检查显色剂配制日期，测定显色剂pH值均正常，从而验证显色剂无异常，初步判定稀释样品所用脱盐水中含有甲醛。

16时30分，分析工程师张某安排用近期存储的合格脱盐水做空白，现用的脱盐水做样品进行检测，甲醛含量为1.50mg/L，因此判断现用脱盐水中含有甲醛组分，同时第一时间汇报运行队进行下一步的查漏工作。

2. 故障原因

（1）取样瓶防护不到位，导致甲醛溶液样品污染。

（2）取样置换不到位，样品代表性不强。

（3）入化验室脱盐水管线渗入甲醛工艺介质。

（4）供料厂制脱盐水装置冷凝液甲醛含量高，在阴阳树脂中无法脱除，制出的脱盐水含有甲醛。

3. 处理措施

（1）重新取样确认样品的代表性。

（2）确认所用显色剂的有效期及特性。

（3）用合格的脱盐水或生消水进行对照。

（4）出现异常及时汇报并与工艺人员积极沟通进行排查。

案例6　减温减压装置减压调节阀故障事故

1. 故障经过

2020年4月24日20点28分，西北某新材料科技有限责任公司聚甲醛装置单体车间运行班组一班中班，声光报警发出报警提示：减温减压工段7.0MPa蒸汽管网流量表流量显示从60t/h突然降至11t/h，导致S04蒸汽管网压力从0.46MPa

降至 0.15MPa，中控主操刘某立即安排外操胡某现场确认减温减压装置目前运行状态，外操现场确认回复减温减压装置现场调节阀阀位为零。班长汇报值班领导及主管技术员，同时安排做倒系列准备工作，提高甲醛制备装置和焚烧分解炉负荷，增加副产蒸汽，单体产品塔改采，单体工况减负荷运行，短期稳定 0.45MPa 蒸汽管网压力，维持系统热态；汇报调度减温减压站准备倒 B 系列运行，立即安排现场校对 B 套减压阀阀位正常，对管线进行疏水暖管后投用，联系调度并引 7.0MPa 蒸汽稳定 0.44MPa 蒸汽管网压力，单体逐步调整恢复正常工况。

2. 故障原因

（1）材料疲劳：减温减压装置减压阀阀门执行器螺杆在长时间的高温高压状态使用过程中受到重复载荷的作用，导致其材料发生疲劳变形，在一定条件下就会发生断裂，导致阀位归零。

（2）设计不合理：阀门执行器的螺杆设计不合理也会导致其断裂。如螺杆的长度过短、直径过小、工作负荷过大、螺纹设计不当等，都容易导致其在工作条件下发生断裂。

（3）使用环境恶劣：阀门执行器的使用环境也会影响螺杆的寿命。如温度过高或过低、湿度过大、腐蚀性介质、震动等都会对螺杆造成损伤，导致其在使用过程中断裂。

（4）仪表人员对减温减压装置调节阀没有做到定期维护。

3. 处理措施

（1）材料选择：选择高强度、耐疲劳、抗腐蚀的材料，有利于提高螺杆的使用寿命。

（2）设计合理：

①合理的螺杆设计能够有效地增加其稳定性和可靠性，从而减少断裂的可能性。

②更换阀杆材质为更耐热处理的 15CrMo，并对阀芯与阀笼进行补焊和间隙调整。

（3）加强维护：

①高质量的维护保养是预防阀门执行器螺杆断裂的重要保证。定期检查、清洗、加油等措施可以有效地延长其使用寿命。

②定期安排切换减温减压站，并组织电仪人员对调节阀、温度表、压力表等进行联合检查。

③要求电仪人员对类似减温减压装置的关键调节阀加强巡检，每班至少两次。

（4）环境控制：在使用环境恶劣的情况下，增加防水、防湿、防腐蚀措施，或选择适合特定环境的螺杆，可以减少螺杆断裂的风险。

案例7　硫酸罐氮封仪表管线断裂事故

1. 故障经过

2020年7月8日19时3分，南方某天然气化工有限公司聚甲醛装置单体车间运行一班中班，公用工程岗位主操于某发现甲醛1套导热油系统压力突然从1.34bar降到1.29bar，同时氮气管网波动，立即汇报给班长李某。经现场人员马某排查确认，发现界区硫酸罐顶部氮气密封仪表管线断裂，导致硫酸储罐氮封仪表气压力控制器调节阀失气全开，造成大量氮气泄漏，导致氮气储罐及管网压力低，班长安排外操随即关闭硫酸罐顶氮气管线根部阀，使氮气管网恢复正常，而进入硫酸罐的氮气也经呼吸阀放空，造成硫酸储罐短时间失去氮气正压保护。为防止储罐进入空气，班长安排外操在管线甩头处接临时氮气胶管给硫酸储罐建氮封。

2. 故障原因

硫酸储罐氮封仪表气压力控制器调节阀仪表空气中断，致使该调节阀全开，导致氮气大量泄漏，拉低氮气储罐管网压力，使导热油系统压力瞬间下降。

3. 处理措施

（1）手动关闭硫酸储罐氮封仪表气压力控制器调节阀前硫酸储罐进气根部截止阀，恢复氮气储罐及管网压力，使导热油系统压力恢复至正常。

（2）在氮气管线甩头处接临时胶管给硫酸储罐建氮封，防止储罐形成负压，空气进入硫酸储罐。

（3）联系仪表人员恢复硫酸罐密封氮仪表管线。

（4）把硫酸罐、废碱罐等非防爆区储罐纳入高空巡检内容。

（5）仪表人员定期检查仪表附件，对存在的安全隐患进行排查。

（6）中控主操加强日常培训学习，有效应对突发事件的发生。

案例 8　聚甲醛焚烧装置停车事故

1. 故障经过

2020 年 9 月 14 日 5 时 4 分，东北某新材料化工生产企业聚甲醛装置焚烧工段运行三班夜班，中控主操樊某在抄写记录报表时，声光报警器响起，发现焚烧报警，随后查看报警画面，发现分解炉引风机、送风机、焚烧废固送风机变频由手动变为自动模式，焚烧分解炉负压变为 520kPa，正常指标是 –40~–100kPa，焚烧装置火焰监测故障，联锁跳车。

2. 故障原因

（1）经过仪表人员检查，发现 PLC 中电源卡件存在 24V 供电不足现象，CPU 因供电不足产生晃电，PLC 程序在短时间内中断又重启。使上位机 WINCC 内 PID 控制器由原先的“手动模式”重置为“自动模式”。

（2）PLC 电源故障首先可能是由于使用时间过长（已使用 10 年）；其次与两周前焚烧控制室内串入蒸汽有关。

（3）由于设计原因，中控上位机 WINCC 内解炉引风机、送风机，焚烧废固送风机PID控制的变频器只能是反作用形式，而现场应为正作用控制，于是当控制器变为“自动模式”时，输出瞬间到达极值。

3. 处理措施

（1）联系单体停三聚单元送风机，联系聚合开废气放空。

（2）关闭现场燃料气的截止阀，确认快关阀状态，确保炉内无燃料气供给。

（3）现场确认有机废液进料截止阀关闭，快关阀关闭。

（4）微开汽包放空阀，开汽包直排和连排阀，稳定汽包液位。

（5）检查各风机运行状态。

（6）联系仪表人员，电气人员和技术员现场查找原因。

案例9 低温螺杆式冷冻机组PLC死机事故

1. 故障经过

2021年7月13日，东北某化工生产企业聚甲醛装置单体车间运行一班夜班，单体三聚结晶单元准备加负荷，需要给冷冻机组加载，降低−11℃水出水温度，0时21分公用工程主操梁某发现中控DCS画面显示冷冻C机突然IOP，联系现场外操确认，发现冷冻C机已停，汇报班长赵某、技术员李某、值班领导刘经理。联系电仪人员排查，检查发现为PLC死机引起停机，重启冷冻C机总电源后，系统恢复正常，联系调度、技术员与值班领导后于1时15分重启冷冻C机。

2. 故障原因

造成冷冻机PLC死机，可能的原因如下：

（1）硬件问题：

①电源问题：

a. 电源波动：电压不稳、电源噪声或突如其来的电源中断，都会影响PLC

的稳定性，导致其死机。

b. 电源质量：使用质量低劣或老化的电源设备也会引发 PLC 死机故障。

②过热：

a. 环境温度：PLC 通常工作在工业环境中，如果周围温度过高，散热不良，会导致过热死机。

b. 散热设备故障：散热风扇或散热片的损坏或积尘，都会影响 PLC 散热效果，进而导致过热死机。

③硬件老化：

使用年限较长的 PLC，其内部电子元件逐渐老化，可能引发各种不稳定情况，包括死机。

（2）软件问题：

①驱动程序错误：

驱动冲突：兼容性差的驱动程序可能占用系统资源，导致程序运行错误，引起 PLC 死机。

驱动更新问题：驱动程序更新不当，与新硬件或软件不兼容，可能导致系统崩溃。

②程序设计问题：

死循环：编写程序时的逻辑错误（如无条件循环、无限递归等）可能导致 CPU 资源耗尽，引发死机。

内存溢出：程序中未处理好的内存管理问题，会导致内存泄漏或溢出，引起系统死机。

③固件问题：

固件 bug：PLC 固件本身存在 bug 或漏洞，可能在某些特定条件下导致死机。

固件升级失败：固件升级中断或未成功，新的固件与系统不兼容，也可能引发死机。

（3）外部干扰：

①电磁干扰：

电磁兼容性差：工业现场存在各种强电磁干扰源，如变频器、电焊机等，这些设备可能对PLC产生干扰，导致死机。

②接口干扰：

接口稳定性：各种I/O模块、通信接口不稳定或连接线质量差，都会增加死机的风险。

③静电干扰：

静电积累：在干燥环境中，静电容易积累并释放，对PLC内部电路产生干扰，导致系统崩溃。

（4）环境振动与冲击：

①温度与湿度：

高温高湿：在高温或高湿的环境下，PLC内部电路容易受损或短路，增加死机的概率。

冷暖交替：温度骤变引起的冷凝水可能渗入PLC内部电路，引起短路和死机。

②机械振动与冲击：

环境振动：机械设备的振动或工厂环境中的冲击波，都会对PLC的稳定性产生影响。

冲击破坏：严重的机械冲击可能直接损坏PLC硬件，导致不可逆的故障。

（5）I/O设备和通信问题：

①输入输出设备故障：

I/O设备异常：连接到PLC的传感器、执行器等外部设备发生故障，可能通过接口反馈异常信号，导致PLC死机。

②通信故障：

通信协议问题：PLC与其他控制系统或设备之间的通信协议不匹配，可能导致通信中断和死机。

网络抖动：工业网络的不稳定和高延迟，会导致PLC在数据处理时发生错误，引发死机。

3. 处理措施

（1）中控人员发现冷冻C机IOP后立即联系现场人员确认，现场人员确认冷冻 C 已停机。

（2）为稳定单体负荷，汇报班长，值班领导，技术员后请示调度启冷冻 E 机。

（3）联系电仪人员检查停机原因为 PLC 死机引起，处理措施如下：

①电源保护：使用稳压电源和不间断电源（UPS）保护 PLC，避免电源波动和断电。

②优化散热：定期清洁和检查散热装置，确保环境温度适宜，避免过热。

③程序优化：避免死循环和内存溢出，定期进行程序测试和优化。

④硬件维护：检查硬件设备的连线、接口和接地，定期维护和更新老化设备。

⑤环境保护：加强电磁屏蔽、防静电和防震保护，控制环境温湿度。

（4）恢复系统后，联系调度，汇报班长、技术员、值班领导启冷冻 C 机，停冷冻 E 机，三聚甲醛结晶单元工况恢复正常。

案例 10　蒸汽减压调节阀导压管冻造成加压蒸馏塔波动事故

1. 故障经过

2021 年 1 月 6 日，东北某聚甲醛新材料化工公司聚甲醛生产部单体装置运行二班夜班，甲醛加压蒸馏工段在正常运行中，中控主操发现加压蒸馏塔塔顶压力加压蒸馏塔气相压力调节阀突然上涨，整个蒸馏塔系统压力、温度都偏高，系统存在憋压，汇报班长徐某，把加压蒸馏塔气相压力调节阀和气液分离回流罐气相压力调节阀打手动调节开大调节阀泄压，加压蒸馏塔釜液位计调节阀打手动控制，把阀位调整至正常工况 MV 值。6 时 29 分排查 S01 蒸汽管网压力偏高，0.45MPa 蒸汽减压阀调节阀全开，将 0.4MPa 蒸汽经 0.45MPa 蒸汽减压阀减压后引入 0.1MPa 蒸汽管网，导致 0.1MPa 蒸汽管网憋压涨到 0.13MPa，加压蒸馏塔憋压，0.1MPa蒸汽放空调节阀全开，中控人员将0.45MPa蒸汽减压阀调节阀打手动，缓慢全关，0.1MPa蒸汽降到0.12MPa恢复正常，加压蒸馏塔系统压力逐步恢复正常。待塔压稳定在0.25~0.29MPa后，塔底液位加压蒸馏塔釜液位计调节阀控制在60%，将加压蒸馏塔气相压力调节阀、气液分离回流罐气相压力调节阀和加压蒸馏塔釜液位计调节阀投自动控制。

2. 故障原因

0.45MPa蒸汽减压阀导压管冻，致使0.45MPa蒸汽减压阀表假，S01管网测压点为零；由于0.45MPa蒸汽减压阀在正常运行状态下，打自动调节，根据S01蒸汽管网压力自动控制调节，将0.45MPa蒸汽经减压阀0.45MPa蒸汽减压阀减压至0.1MPa来维持S01管网压力，导致0.45MPa蒸汽压力调节阀阀位全开。

3. 处理措施

（1）立即汇报班长、值班经理进行事故分析，制定应急处置方案。

（2）手动调整0.45MPa蒸汽减压阀调节阀恢复0.1MPa蒸汽管网。

（3）加压蒸馏塔改采至稀甲醛排出槽防止发生环保事故。

（4）将加压蒸馏塔气相压力调节阀、气液分离回流罐气相压力调节阀和加压蒸馏塔釜液位计调节阀打手动调整加压蒸馏塔工况。

（5）对加压蒸馏塔釜取样器取样分析。

（6）加压蒸馏塔釜取样器取样分析合格，加压蒸馏塔改采至废液槽。

（7）恢复导压管保温，在易冻区必要时增设电伴热，关闭0.45MPa蒸汽减压阀调节阀前截止阀。